面向新工科普通高等教育系列教材

电工与电路基础

于战科　主　编

王　娜　副主编

林　莹　陈　姝　参　编

U0255373

机 械 工 业 出 版 社

本书具有理论严密、逻辑性强、理论分析与工程应用相结合的特点，较为全面地介绍了电工与电路基础的基本概念和分析方法。

全书共 7 章，包括电路的基本概念和定律、电阻电路分析、动态电路时域分析、正弦稳态电路分析、耦合电感和理想变压器、电路的频率响应和谐振现象以及二端口网络，并配有丰富的例题和不同层次的习题。

本书既可作为高等院校电子信息类、电气类、自动化类等专业"电工与电路基础"课程的教材或教学参考书，也可作为工程技术人员和电路爱好者的参考书。

图书在版编目（CIP）数据

电工与电路基础/于战科主编 .—北京：机械工业出版社，2021.4
（2024.9 重印）
面向新工科普通高等教育系列教材
ISBN 978-7-111-67776-5

Ⅰ.①电…　Ⅱ.①于…　Ⅲ.①电工技术-高等学校-教材②电路理论-高等学校-教材　Ⅳ.①TM

中国版本图书馆 CIP 数据核字（2021）第 047467 号

机械工业出版社（北京市百万庄大街 22 号　邮政编码 100037）
策划编辑：李馨馨　　责任编辑：李馨馨　白文亭
责任校对：张艳霞　　责任印制：常天培
固安县铭成印刷有限公司印刷

2024 年 9 月第 1 版·第 4 次印刷
184mm×260mm·11.25 印张·275 千字
标准书号：ISBN 978-7-111-67776-5
定价：59.00 元

电话服务　　　　　　　　　网络服务
客服电话：010-88361066　　机　工　官　网：www.cmpbook.com
　　　　　010-88379833　　机　工　官　博：weibo.com/cmp1952
　　　　　010-68326294　　金　书　网：www.golden-book.com
封底无防伪标均为盗版　机工教育服务网：www.cmpedu.com

前　　言

电工与电路基础是电子信息工程、电气工程及其自动化等电类专业的一门重要的专业背景课程，主要研究电路的基本规律和各种分析方法，介绍电工测量与安全用电的基本知识。本书是在总结多年电工与电路基础教学改革经验的基础上，综合考虑了课程特点和技术发展趋势，为适应当前培养创新型人才的要求而编写的。总体上按照先易后难、先简后繁、层层递进、注重内在联系的思路来进行编写，要点明确，重点突出，注重理论内容的研讨与分析，并将其引申和联系到工程实际中。揭示知识发现的过程，探索问题的本质，突出知识点间的联系，充分激发学生的学习兴趣，注重对学生科学思维能力、工程素养以及发现、分析、解决问题能力的培养。

全书按照"电路基本概念和基本分析方法""动态电路的暂态分析""正弦交流电路的稳态分析""含二端口元件电路的分析"四个部分进行安排，具体包括：电路的基本概念和定律、电阻电路分析、动态电路时域分析、正弦稳态电路分析、耦合电感和理想变压器、电路的频率响应和谐振现象以及二端口网络共 7 章。各章中均配有丰富的例题，便于加深学生对概念的理解和基本分析方法的掌握。各章中也配有数量较多的不同层次的习题，供学生进行复习巩固。

本书由于战科编写第 1 章和第 3 章，王娜编写第 4 章，林莹编写第 6 章和第 7 章，陈姝编写第 2 章和第 5 章。全书由于战科统稿。本书在编写过程中参考了大量相关资料，吸取了许多专家和同仁的宝贵经验，在此也向他们深表谢意。本书在编写过程中还得到了陆军工程大学通信工程学院领导和专家们的关心与支持，在此表示感谢。

为配合教学，本书配有教学用 PPT、电子教案、课程教学大纲、试卷（答案及评分标准）、习题参考答案等教学资源，需要配套资源的老师可登录机械工业出版社教育服务网（www.cmpedu.com），免费注册后下载，或联系编辑索取（微信：15910938545/电话：010-88379753）。

由于编者水平有限，书中难免有不妥之处，望广大读者批评指正。

编者

2021 年 2 月

目　　录

第 1 章 电路的基本概念和定律

本章从实际电路和电路模型出发，介绍电路的基本概念和定律，主要包括电压、电流和功率等基本变量，分析电路的根本依据——基尔霍夫定律，电阻、电压源、电流源和受控源等电路基本元件，以及电路等效的概念和等效分析法等。

1.1 实际电路与电路模型

实际电路是由各种电工设备或电子元器件按一定的方式相互连接构成的电流的通路。通常包括三个部分：一是电源，负责提供电路所需的能量或信号；二是负载，将电能转化为其他形式的能量，或对信号进行处理；三是中间环节，包括导线、开关等，负责连接电源与负载构成电路。实际电路的功能可概括为两个方面：一是进行电能的产生、传输、分配与转换，如电力系统中的发电、输配电线路等；二是实现信号的产生、传递、变换、处理与控制，如电话、收音机、电视机电路等。

电路模型是实际电路在一定条件下的科学抽象和足够精确的数学描述，便于更普遍和更深刻地研究电路的主要特征。在进行电路分析前，通常会对实际电路进行抽象，得到电路模型后再进行分析。因为实际电路中电路元件种类繁多，难以直接分析，但同时这些器件在电能的消耗及电磁能的储存方面有很多共同点，因此在一定条件下，可以忽略电路元件的次要性质，抽象出元件的主要电磁性能并形成模型，以便于进行电路分析。例如电动机、电灯等设备具有消耗电能的主要特征，因此其电路模型可以抽象为电阻元件。需要指出的是，实际电路抽象成电路模型须满足一定的条件，即电路元件的电磁过程都分别集中在各元件内部进行，称为集总假设条件。

在实际电路中，当实际电路的尺寸远远小于电路工作时电磁波的波长时，可以用理想元件或它们的组合来模拟实际元件，这个条件即为集总假设。在集总假设条件下，每一种理想元件只反映一种基本电磁现象，其电磁过程都分别集中在各元件内部进行，且可由数学方法精确定义。例如：电阻元件反映消耗电能的特性，模型符号如图 1-1a 所示；电感元件反映储存磁场能量的特性，模型符号如图 1-1b 所示；电容元件反映储存电场能量的特性，模型符号如图 1-1c 所示。满足集总假设条件的元件称为集总参数元件。由集总参数元件构成的电路称为集总参数电路。本书只讨论集总参数电路。

对于同一个实际的电路元件，在不同的电路条件下，其电路模型也不相同。如图 1-2 所示的实际电感元件，在低频且不考虑内阻的条件下可以抽象为一个理想电感。如果考虑消耗的电能，则需要串联一个电阻。如果在高频条件下，还需要考虑储存的电能，则需要并联一个电容。

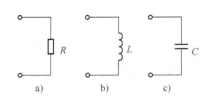

图 1-1　理想电阻、电感和电容模型
a) 电阻　b) 电感　c) 电路

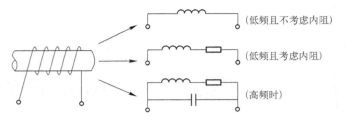

图 1-2　实际电感元件在不同条件下的电路模型

1.2　电流、电压和功率

电流、电压和功率是电路的三个重要的基本变量，也是进行电路分析的基础。在电路分析过程中，通过选择电路变量，列写电路方程并求解，求得电路响应并进一步分析电路性能。本节主要介绍三种基本变量的基本概念。

1.2.1　电流

在金属导体中含有大量的自由电子，通常情况下，这些自由电子在金属导体内部做无规则的热运动。当在金属导体两端加上电源后，自由电子就会逆电场方向运动从而形成电流。

单位时间内通过导体横截面的电荷量称为电流，用 $i(t)$ 表示：

$$i(t) = \frac{\mathrm{d}q}{\mathrm{d}t} \qquad (1-1)$$

电流的单位是安培，简称安，记为 A。常用的单位还有毫安（mA）、微安（μA）等。

习惯上把正电荷的运动方向定为电流的实际方向，又称真实方向。但是在实际问题中，电流的实际方向往往难以预先判断。例如，在图 1-3 所示的电路中，如果不经过分析，难以直接标出支路 ab 上电流的实际方向。

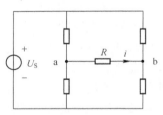

图 1-3　电路中的电流

因此，在进行电路分析时，首先指定一个假设正电荷的运动方向，称为参考方向。用箭头标在电路图上，或用双下标表示（如 i_{ab} 表示电流从 a 点流向 b 点），以此为准去分析计算。经计算后根据电流的正负可判断其实际方向。若计算所得电流为正值，则说明实际方向与所设参考方向一致；若计算所得电流为负值，则说明实际方向与所设参考方向相反。

需要注意的是电流值的正负，在设定参考方向的前提下才有意义。因此，选用电流变量时一定要标出其参考方向。因为从参考方向可以判定其实际方向，所以今后在电路图中所标出的电流方向都可以认为是参考方向。

如果电流的大小和方向不随时间变化，则这种电流称为恒定电流，简称直流（DC），否则称为时变电流。如果时变电流的大小和方向都随时间做周期性变化，则称为交变电流，简称交流（AC）。

例 1-1　接于某一电路的 ab 支路如图 1-4 所示，在图示参考方向下，若 $i(t) = 4\cos\left(2\pi t + \frac{\pi}{4}\right)$ A，试问：

(1) $i(0)$、$i(0.5)$的实际方向？

(2) 若电流参考方向与图中相反，则 $i(0)$、$i(0.5)$ 的实际方向有无变化？

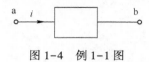

图 1-4 例 1-1 图

解：（1） $i(0)=4\cos\dfrac{\pi}{4}=2\sqrt{2}$ A>0，故该电流实际方向和图示参考方向一致，是 a→b；

$i(0.5)=4\cos\left(\pi+\dfrac{\pi}{4}\right)=-2\sqrt{2}$ A<0，故该电流实际方向和参考方向相反，是 b→a。

（2） 电流的参考方向可以任意假设，但实际方向由该支路与外电路确定，故实际方向不会因参考方向的选择而改变。

1.2.2 电压

单位正电荷由 a 点移到 b 点时电场力所做的功称为 a、b 两点间的电压，用 $u(t)$ 表示为

$$u(t)=\frac{\mathrm{d}w}{\mathrm{d}q} \tag{1-2}$$

电压的单位是伏特，简称伏，记为 V。常用的单位还有千伏（kV）、毫伏（mV）等。

通常，两点间电压的高电位端为"+"极，低电位端为"-"极，称为电压的实际方向，又称实际极性。

如果电压的大小和方向不随时间变化，则这种电压称为恒定电压，否则称为时变电压。

同电流参考方向一样，也需要为电压选定参考方向。通常在电路图上用"+"表示参考方向的高电位端，"-"表示参考方向的低电位端，如图 1-5 所示。或用箭头、双下标表示（如 u_{ab} 表示电压参考方向从 a 点指向 b 点）。经计算后根据电压的正负可判断

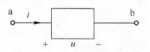

图 1-5 电压参考方向

其实际方向。若计算所得电压为正值，则说明实际方向与所设参考方向一致；若计算所得电压为负值，则说明实际方向与所设参考方向相反。

需要注意的是电压值的正负，在设定参考方向的前提下才有意义。因此，如果选用电压变量时一定要标出其参考方向，正因为从参考方向可以判定其实际方向，故今后在电路图中所标出的电压方向都可以认为是参考方向。

在电路中，除了电压还有一个常用的概念：电位。选定电路中的任意一点，电位设为零，称为参考点，用符号"⊥"表示。某点的电位是将单位正电荷移至参考点电场力做的功，即所求点的电位就是该点到参考点的电压。电位的单位与电压的单位相同，也是伏特（V）。

对如图 1-6 所示电路，选定节点 d 为参考点，根据参考点的定义，d 点的电位 $V_d=0$。此时，a 点的电位 V_a 是节点 a 到参考点的电压，也就是电源电压 U_{S1}，于是 $V_a=U_{S1}$。以此类推，b 点的电位是节点 b 到参考点的电压，即 $V_b=U_{bd}$。c 点的电位是节点 c 到参考点的电压，即 $V_c=U_{cd}$。

在电路分析中，元件或支路上的电压和电流参考方向可以任意指定，但为了方便起见，

常采用关联参考方向，即电流参考方向与电压参考方向一致。如图 1-7a 所示，图中电流 i 和电压 u 是关联的参考方向。如果电流参考方向与电压参考方向相反，称为非关联参考方向，如图 1-7b 所示。

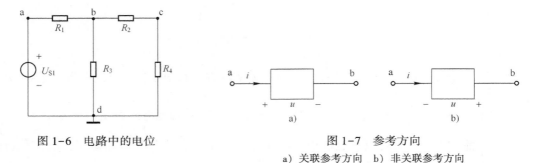

图 1-6　电路中的电位

图 1-7　参考方向

a）关联参考方向　b）非关联参考方向

1.2.3　功率

单位时间内电场力所做的功或电路所吸收的能量称为功率。用 p 表示，即

$$p(t)=\frac{\mathrm{d}w}{\mathrm{d}t} \tag{1-3}$$

功率的单位是瓦特，简称瓦，记为 W，常用的单位还有千瓦（kW）、毫瓦（mW）等。

若对于某一元件或局部电路如图 1-7a 所示，采用关联的电压电流参考方向，则该元件或局部电路吸收的功率为

$$p(t)=\frac{\mathrm{d}w}{\mathrm{d}t}=\frac{u\mathrm{d}q}{\mathrm{d}t}=ui \tag{1-4}$$

在电压 u、电流 i 参考方向关联的条件下，一段电路所吸收的功率为该段电路两端电压与电流的乘积。代入 u、i 数值，若计算得 p 为正值，则该段电路实际就是吸收功率（或消耗功率）；若 p 为负值，则该段电路实际向外提供功率（或产生功率）。若 u、i 参考方向非关联，则计算吸收功率的公式中应冠以负号，即 $p(t)=-ui$。

在电压电流参考方向关联时，从 t_0 到 t 时刻内该部分电路吸收的能量为该段时间内对功率 p 的积分，即

$$w(t_0,t)=\int_{t_0}^{t}p(\xi)\mathrm{d}\xi=\int_{t_0}^{t}u(\xi)i(\xi)\mathrm{d}\xi$$

例 1-2　如图 1-8 所示电路中，已知电源电压 $U_\mathrm{S}=10\ \mathrm{V}$，电阻分别为 $3\ \Omega$ 和 $2\ \Omega$，求电压源和电阻吸收的功率。

解：回路电流为

$$I=\frac{10}{3+2}\mathrm{A}=2\ \mathrm{A}$$

电阻 R_1 电压为

$$U_\mathrm{R1}=3I=6\ \mathrm{V}$$

电阻 R_2 电压为

$$U_\mathrm{R2}=2I=4\ \mathrm{V}$$

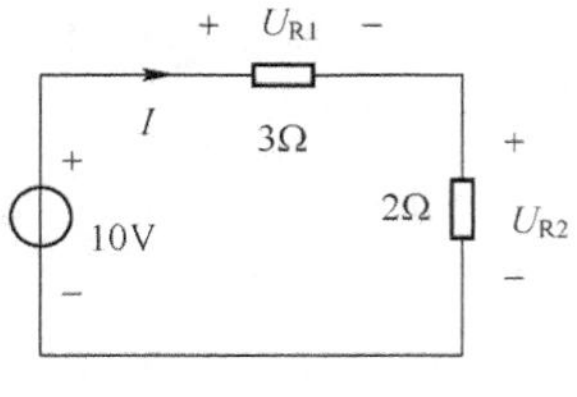

图 1-8　例 1-2 图

对于电阻 R_1，其电压和电流是关联参考方向，因此吸收功率 P_{R1} 为

$$P_{R1} = U_{R1}I = 6 \times 2 \text{ W} = 12 \text{ W}$$

对于电阻 R_2，其电压和电流也是关联参考方向，因此吸收功率 P_{R2} 为

$$P_{R2} = U_{R2}I = 4 \times 2 \text{ W} = 8 \text{ W}$$

对于电源 U_S，其电压和电流是非关联参考方向，因此电源吸收功率 P_{US} 为

$$P_{US} = -U_S I = -10 \times 2 \text{ W} = -20 \text{ W}$$

即电源发出的功率为 20 W。

可以看出电路中电源发出的总功率等于电阻吸收的总功率，满足功率守恒的条件。

1.3 基尔霍夫定律

基尔霍夫定律是对电路整体进行说明的基本规律，它是分析一切集总参数电路的根本依据，一些重要的定理、电路分析方法，都是以基尔霍夫定律为"源"推导、证明、归纳总结得出的。

在介绍基尔霍夫定律之前，首先介绍几个名词。电路中单个二端元件或若干个二端元件的串联构成的每一个分支称为支路，图 1-9 中有 ab、ac、ad、bc、bd、cd 共 6 条支路。支路与支路的连接点称为节点，图 1-9 中有 a、b、c、d 共 4 个节点。电路中任何一个闭合路径称为回路，图 1-9 中有 acba、bcdb、abda、acdba、acda、acbda、abcda 共 7 个回路。内部不含支路的回路称为网孔，图 1-9 中有 acba、bcdb、abda 共 3 个网孔。

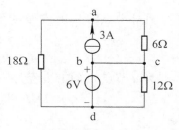

图 1-9　电路中的支路、节点、回路和网孔

1.3.1 基尔霍夫电流定律（KCL）

基尔霍夫电流定律可表述为：对于集总参数电路中的任意节点，在任意时刻流入或流出该节点电流的代数和为零。其数学表示式为

$$\sum_{k=1}^{m} i_k(t) = 0 \tag{1-5}$$

式中，m 为节点连接的支路电流的总数量，$i_k(t)$ 为第 k 条支路电流，$k = 1, 2, \cdots, m$。式（1-5）称为节点电流方程，简称 KCL 方程。

建立 KCL 方程首先要设出每一支路电流的参考方向，然后依据参考方向取号，电流流入或流出节点可取正或取负，但列写的同一个 KCL 方程中取号规则需一致。例如，对于图 1-10 中的节点 A，在任意时刻，KCL 方程为

$$-i_1 - i_2 + i_3 = 0$$

该 KCL 方程又可改写为：$i_1 + i_2 = i_3$，由此可得到 KCL 的另外一种表述方式：对于集总参数电路中的任意节点，任意时刻流入该节点的电流之和等于流出该节点的电流之和。

基尔霍夫电流定律不仅适用于节点，还可推广到电路中任意假设的封闭面（广义节点）。如图 1-11 电路中，对封闭面 S，有

$$i_1 + i_2 + i_3 = 0$$

5

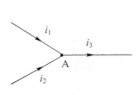

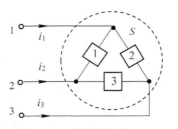

图 1-10 节点的 KCL   图 1-11 广义节点的 KCL

基尔霍夫电流定律的实质是电荷守恒定律和电流连续性在集总参数电路中任意节点处的具体反映，即：对集总参数电路中流入某一横截面多少电荷，即刻将从该横截面流出多少电荷，不可能产生电荷的积累。

例 1-3 电路如图 1-12 所示，求电路中的电流 I_1 和 I_2。

解：列 a 节点的 KCL 方程为

$$5-1-2-I_{ac}=0$$

得

$$I_{ac}=2 \text{ A}$$

列 d 节点的 KCL 方程为

$$2-I_{dc}-3=0$$

得

$$I_{dc}=-1 \text{ A}$$

列 c 节点的 KCL 方程为

$$I_1+I_{ac}+I_{dc}=-1$$

得

$$I_1=-2 \text{ A}$$

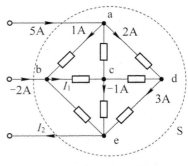

图 1-12 例 1-3 图

列 b 节点的 KCL 方程为

$$1-2-I_1-I_{be}=0$$

得

$$I_{be}=1 \text{ A}$$

列 e 节点的 KCL 方程为

$$I_{be}-1+3-I_2=0$$

得

$$I_2=3 \text{ A}$$

求 I_2 时还可直接按假设的封闭面 S 列 KCL 方程为

$$5-2-I_2=0$$

得

$$I_2=3 \text{ A}$$

1.3.2　基尔霍夫电压定律（KVL）

基尔霍夫电压定律可表述为：在集总参数电路中，任意时刻沿任一回路绕行一周的所有支路电压的代数和等于零。其数学表示式为

$$\sum_{k=1}^{m} u_k(t) = 0 \qquad (1-6)$$

式中，m 为回路内出现的电压段总数，$u_k(t)$ 为第 k 段电压，$k=1,2,\cdots,m$。式（1-6）称为回路电压方程，简称 KVL 方程。

通常，建立 KVL 方程时规定顺绕行方向的电压（电压降）取正号，逆绕行方向的电压

（电压升）取负号。例如，如图 1-13 所示电路，设回路的绕行方向为顺时针方向，则 KVL 方程为

$$u_1+u_2-u_3-u_4-u_5=0$$

上式又可改写为 $u_1+u_2=u_3+u_4+u_5$，由此可得 KVL 的另外一种表述方式：在集总参数电路中，任意时刻沿任一回路的支路电压降之和等于电压升之和。图 1-13 中，对于顺时针绕行方向，u_1、u_2 为电压降，u_3、u_4、u_5 为电压升。

基尔霍夫电压定律也可以推广到电路中任意假想的回路（广义回路或虚回路）。在图 1-13 所示电路中，ad 之间并无支路存在，但仍可把 abd 或 acd 分别看成一个假想的回路，列 KVL 方程：

$$u_1+u_2-u_{ad}=0$$
$$u_{ad}-u_3-u_4-u_5=0$$

将上述两个 KVL 方程整理后，有

$$u_{ad}=u_1+u_2=u_3+u_4+u_5$$

由此可得到求任意两点间电压的重要结论为：求任意 ab 两点间的电压，等于自 a 点出发沿任何一条路径绕行至 b 点的所有电压降的代数和。

基尔霍夫电压定律反映了集总参数电路遵从能量守恒定律。在任一回路中，如果单位正电荷从 a 点沿回路移动，最终回到 a 点，相当于求电压 u_{aa}，显然 $u_{aa}=0$，即该正电荷既没得到又没失去能量。

例 1-4 电路如图 1-14 所示，已知：$U_2=2\text{ V}$，$U_3=4\text{ V}$，$U_4=-2\text{ V}$，求电压 U_1、U_5、U_6。

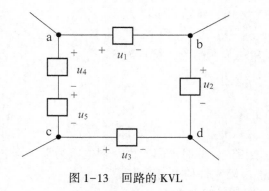

图 1-13 回路的 KVL   图 1-14 例 1-4 图

解：运用任意两点的电压计算的重要结论：

$$U_1=U_2-U_4=2\text{ V}-(-2)\text{ V}=4\text{ V}$$
$$U_5=-U_2+U_3=-2\text{ V}+4\text{ V}=2\text{ V}$$
$$U_6=U_4-U_2+U_3=-2\text{ V}-2\text{ V}+4\text{ V}=0$$

1.4 电路基本元件

电路元件是组成电路模型的最小单元。通常利用端口电压与电流关系来描述电路元件的特性，称为电路元件的伏安特性，记为 VAR 或 VCR。本节主要介绍电阻元件、独立电压

源、独立电流源和受控源元件。

1.4.1　电阻元件

电阻元件是实际电阻器的理想化模型，其电路模型如图 1-15a 所示。电阻值反映了电阻元件阻碍电流通过的能力，是电阻元件的主要参数，用符号 R 表示。电阻的单位为欧姆，简称欧，符号为 Ω，常用的单位还有千欧（$k\Omega$）和兆欧（$M\Omega$）等。在 u–i 平面上，电阻元件的伏安特性表示为一条曲线。如果该曲线是通过原点的直线且不随时间变化，则称为线性时不变电阻元件，如图 1-15b 所示。

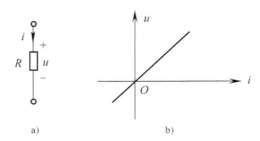

图 1-15　电阻的电路模型及线性时不变电阻伏安特性
a）电路模型　b）伏安特性

若线性电阻上的电压和电流关联参考方向，则有

$$u = Ri \tag{1-7}$$

式（1-7）称为欧姆定律。

若线性电阻上的电压和电流非关联参考方向，则欧姆定律为

$$u = -Ri$$

电阻的倒数称电导，用符号 G 表示，单位为西门子，符号为 S。

$$G = \frac{1}{R} \tag{1-8}$$

在电压和电流关联参考方向下，欧姆定律为

$$i = Gu$$

当电阻元件 $R = 0$ 或 $G \to \infty$ 时，称为"短路"，此时电阻元件两端电压为零。当电阻元件 $R \to \infty$ 或 $G = 0$ 时，称为"开路"，此时流过电阻元件的电流为零。

若电压 u、电流 i 参考方向关联，则电阻元件吸收功率，即

$$p = ui = i^2 R = \frac{u^2}{R} \tag{1-9}$$

若电压 u、电流 i 参考方向非关联，则电阻元件吸收功率，即

$$p = -ui = -(-Ri)i = i^2 R = \frac{u^2}{R}$$

可以发现，无论电压和电流的参考方向是否关联，电阻功率的计算公式是相同的。同时注意到，当电阻阻值为正时，电阻吸收的功率大于或等于零，即电阻元件一直是实际消耗功率而不能产生功率，体现了电阻元件的耗能性质。

设从 t_0 到 t 时刻电阻元件所吸收的能量为 $w(t)$，则

$$w(t_0, t) = \int_{t_0}^{t} p(\xi)\,\mathrm{d}\xi = \int_{t_0}^{t} Ri^2(\xi)\,\mathrm{d}\xi = \int_{t_0}^{t} \frac{u^2(\xi)}{R}\,\mathrm{d}\xi$$

电阻元件作为理想元件，其电压电流可以不受限制地满足欧姆定律，其功率值也可以为任意值。但是实际电阻器有额定电压、额定电流和额定功率的限制，为了保证设备的安全工作，使用时不得超过电阻的额定值。

例 1-5 电路如图 1-16 所示，已知电阻 $R = 3\,\Omega$，其两端电压 $u = 9\,\text{V}$，求电阻的电流 i 和电阻的吸收功率 p。

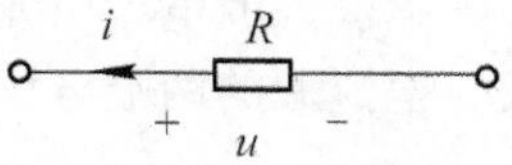

解： 在图 1-16 所示电路中，电压、电流采用非关联参考方向，欧姆定律应表示为

$$u = -Ri$$

故有

$$i = -\frac{u}{R} = -\frac{9}{3}\,\text{A} = -3\,\text{A}$$

该瞬间电阻的吸收功率为

$$p = -ui = 27\,\text{W}$$

图 1-16　例 1-5 图

1.4.2　理想电压源

理想电压源是从实际电源抽象出来的一种模型，简称电压源。一个二端元件当它接入任一电路时，如果其两端电压始终保持规定的值或一定的时间函数，而与其端电流无关，则称该二端元件为理想电压源。理想电压源的电路模型如图 1-17 所示。

电压源的电压由元件本身确定，它可以是定值或一定时间函数，而与流经元件的电流无关；流经电压源的电流由与电压源相连接的外电路确定。即有

$$\begin{cases} u \equiv u_S \\ i = \text{任意值} \end{cases} \tag{1-10}$$

在 $u\text{-}i$ 平面上，电压源的伏安特性如图 1-18 所示。

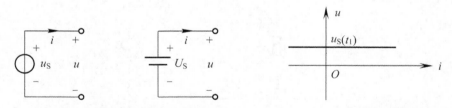

图 1-17　理想电压源的电路模型　　　　图 1-18　理想电压源伏安特性

从理想电压源的伏安特性曲线观察可知：

1）对任意时刻，理想电压源的伏安特性曲线是平行于 i 轴、值为 $u_S(t_1)$ 的直线，即理想电压源的电压由元件本身确定，与流经电压源电流的大小和方向无关。若 $u_S(t_1) = 0$，则伏安特性曲线是 i 轴，此时电压源相当于短路。

2）根据不同的外电路，流过理想电压源的电流可以大于零、小于零或等于零，因此理想电压源可以作为激励源对电路提供能量，也可以作为负载从外电路吸收能量。

1.4.3 理想电流源

理想电流源是从实际电源抽象出来的另一种模型。一个二端元件当它接入任一电路时，如果流经其端电流始终保持规定的值或一定的函数，而与其端电压无关，则称该二端元件为理想电流源。理想电流源电路模型如图1-19所示。

电流源的电流由元件本身确定，它可以是定值或一定时间函数，而与元件的端电压无关；电流源的两端电压由与电流源相连接的外电路确定。即有

$$\begin{cases} i \equiv i_S \\ u = 任意值 \end{cases} \tag{1-11}$$

在 u–i 平面上，电流源的伏安特性如图1-20所示。

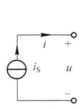

图1-19 理想电流源的电路模型

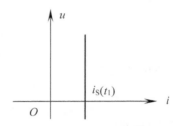

图1-20 理想电流源伏安特性

从理想电流源伏安特性曲线观察可知：

1) 对任意时刻，理想电流源的伏安特性曲线是平行于 u 轴、其值为 $i_S(t_1)$ 的直线，即电流源的电流由元件本身确定，与电流源的端电压无关。若 $i_S(t_1)=0$，则伏安特性曲线是 u 轴，此时电流源相当于开路。

2) 根据不同的外电路，理想电流源两端的电压可以大于零、小于零或等于零，因此理想电流源可以作为激励源对电路提供能量，也可以作为负载从外电路吸收能量。

例1-6 电路如图1-21所示，求电路中的电压 U_1 和 U_2。

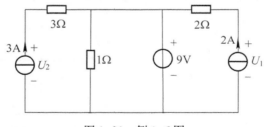

图1-21 例1-6图

解：由 KVL 方程和欧姆定律：

2 A 电流源的电压为 $\qquad U_1 = 2\,\Omega \times 2\,\text{A} + 9\,\text{V} = 13\,\text{V}$

3 A 电流源的电压为 $\qquad U_2 = 3\,\Omega \times 3\,\text{A} + 9\,\text{V} = 18\,\text{V}$

1.4.4 受控源

受控源是由电子器件抽象而来的一种模型。与理想电压源和理想电流源这两种独立源不

同，受控源是指输出电压或电流受到电路中某部分的电压或电流控制的电源，反映了部分电子器件具有的输入端电流或电压控制输出端电流或电压的特点。

受控源有输入和输出两对端钮，输出端的电压或电流受输入端所加的电压或电流的控制。按照控制量和被控制量的组合情况，理想受控源分为四种：电压控制电压源 VCVS、电压控制电流源 VCCS、电流控制电压源 CCVS 和电流控制电流源 CCCS。如图 1-22 所示。

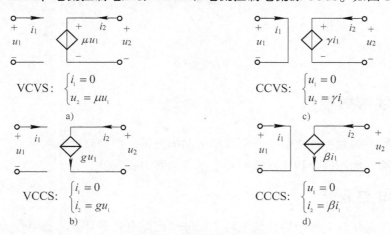

图 1-22 受控源电路模型

a) VCVS b) VCCS c) CCVS d) CCCS

受控源具有输入和输出两个端口，因此，受控源的功率为两个端口功率之和。在电压和电流关联的参考方向下，受控源功率为

$$p(t) = u_1 i_1 + u_2 i_2$$

由受控源的端口特性可知，控制支路不是开路 $(i_1 = 0)$ 就是短路 $(u_1 = 0)$，故对所有四种受控源，其功率为

$$p(t) = u_2 i_2$$

即由受控源被控支路来计算受控源的功率。

需要注意的是，受控源与独立源有着本质的区别。独立源在电路中可对外独立提供能量，直接起激励作用，而受控源仅是描述了电路中某支路电压或电流受其他支路电压或电流控制的关系，不能直接起激励作用。

例 1-7　含电流控制电流源电路如图 1-23 所示，试求电压 u_0。

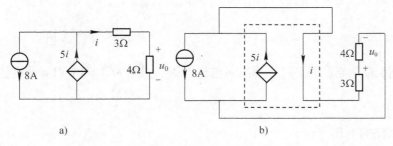

图 1-23　例 1-7 图

解：图 1-23a 是含受控源电路的简化图，图 1-23b 是画出了受控源的控制和受控支路的电路图，这两个图的本质是相同的。在电路图中，通常不需要画出控制端电路，只需要在控制电路中标明该控制量，如图 1-23a 所示。

列节点的 KCL 方程为

$$i+8=5i$$

求得

$$i=2\,\text{A}$$

则，所求支路电压 u_0 为

$$u_0=4i=8\,\text{V}$$

1.5　电路的等效变换

在介绍电路的等效变换之前先介绍简单电路的分析。单回路电路和单节点偶电路是常见的两种简单电路，利用两类约束只需列一个基本电路方程求解。

1.5.1　简单电路分析

单回路电路是指只有一个回路的电路。对于单回路电路通常以回路电流为变量，列回路的 KVL 方程，求得回路电流后可再求其他响应。

例 1-8　电路如图 1-24 所示，求电路中的电压 U。

解：以回路电流 I 为变量。列 KVL 方程：

$$6+2I+2I-4+I=0$$

解得

$$I=-0.4\,\text{A}$$

则

$$U=4-2I=4.8\,\text{V}$$

单节点偶电路是指具有两个节点的电路。对于单节点偶电路，通常以节点间电压为变量，列节点的 KCL 方程，求得节点间电压后可再求其他响应。

例 1-9　电路如图 1-25 所示，求电流 i。

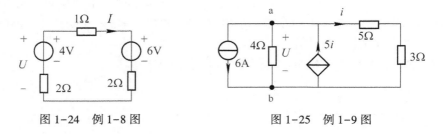

图 1-24　例 1-8 图　　　　　　图 1-25　例 1-9 图

解：该电路为单节点偶电路，节点间电压为 U。根据 KCL 列节点 a 的电流方程：

$$6+\frac{U}{4}-5i+i=0$$

根据 KVL 列回路的电压方程：

$$U=(5+3)i$$

解得

$$i=3\,\text{A}$$

1.5.2 电路等效概念

在电路分析中，对一些简单的电阻电路问题只需运用 KCL 或只运用 KVL 或只需运用元件的伏安关系即可解决。对于一些复杂电路，如果要求一条支路上的响应，可以采用等效分析法寻求一个简单的电路去替代该支路以外的电路，从而简化电路的分析。

电路分析中，可以把一组相互连接的元件作为一个整体来看待，当这个整体只有两个端钮可与外部电路相连接，且进出这两个端钮的电流是同一个电流时，称这个整体为二端网络。同时，这两个端钮满足端口条件，构成一个端口，因此二端网络也称为一端口网络，如图 1-26 所示。二端网络只通过两个端钮与外电路相连接，因此在分析二端网络的电路特性时，通常只关心端口上的电压和电流关系，称为端口伏安关系。

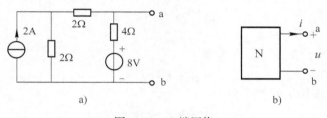

图 1-26 二端网络

两个二端网络 N_1 和 N_2，如果它们的端口伏安关系完全相同，则 N_1 和 N_2 是等效的，或称 N_1 和 N_2 互为等效电路。如图 1-27 所示。

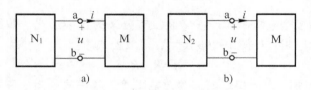

图 1-27 二端网络的等效

等效的另一定义：两个二端网络 N_1 和 N_2，若能分别连接到同一个任意的二端网络 M 而不致影响到 M 内的电压和电流值，则 N_1 和 N_2 是等效的。

利用图 1-27 所示电路对等效的定义进行说明。设图 1-27a、b 两个电路图中 ab 两端以右接相同的任意二端网络 M，待求 ab 端口的电压、电流分别为 u、i。为了求取 ab 端口的电压 u 和电流 i，所列的两组方程分别为

图 1-27a $\begin{cases} 二端网络\ M\ 的端口\ u、i\ 关系 \\ 二端网络\ N_1\ 的端口\ u、i\ 关系 \end{cases}$ 图 1-27b $\begin{cases} 二端网络\ M\ 的端口\ u、i\ 关系 \\ 二端网络\ N_2\ 的端口\ u、i\ 关系 \end{cases}$

由方程可知，只要 N_1 和 N_2 端口伏安关系完全相同，则两个网络端口 ab 端口的电压 u 和电流 i 相同，或者说，N_1 和 N_2 两个网络互为替代后对端口以外的电路变量没有影响。两个网络 N_1 和 N_2 内部结构和元件参数可能完全不同，但对其外部电路 M 而言，各处的电流、电压不会改变，因此等效又称"对外等效"。

利用等效的方法，求解某支路电压或电流时，可先把该支路以外的电路进行化简，把原电路转化为单回路电路或单节点偶电路，简化分析。由于二端网络的端口伏安关系由它本身

确定，因此，在进行电路等效化简时，可以首先求出二端网络的端口伏安关系，再根据端口的伏安关系作出该二端网络的最简等效电路，这种方法称为端口伏安关系法，适用于任何二端电路的等效化简。

例 1-10 已知图 1-28a 中虚线框内 N_1 网络的端口伏安关系为 $u=10+2i$，其中 u 的单位为 V，i 的单位为 A，且已知 $i_s=2\,\text{A}$，试求二端网络 N 的最简等效电路。

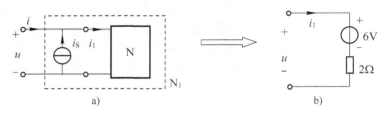

图 1-28　例 1-10 图

解：设 N 端口电流为 i_1，则由 KCL 得

$$i_1=i+i_s=i+2$$

代入已知 N_1 网络的端口伏安关系得

$$u=10+2(i_1-2)=6+2i_1$$

故网络 N 可等效为如图 1-28b 所示的简单电路。

1.5.3　电阻串联、并联和混联电路的等效

1. 电阻的串联

电阻的串联是指多个电阻串行连接中间没有分叉的连接形式，如图 1-29a 所示。串联电阻可以等效为一个电阻，如图 1-29b 所示，等效公式为

$$R=R_1+R_2 \tag{1-12}$$

由式（1-12）可知，电阻串联时，等效电阻等于各串联电阻之和。该结论同样适用于两个以上电阻串联的电路。

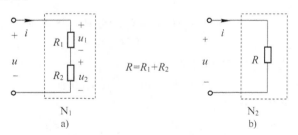

图 1-29　电阻的串联

对于串联电路，电阻 R_1 和 R_2 的电压可以根据以下分压公式进行计算：

$$u_1=\frac{R_1}{R_1+R_2}u,\ u_2=\frac{R_2}{R_1+R_2}u$$

2. 电阻的并联

电阻的并联是指多个电阻首尾分别并接在一起的连接形式，如图 1-30a 所示。为了推

导方便，在并联电路中用电导表示电阻。并联电导可以等效为一个电导，如图 1-30b 所示，等效公式为

$$G = G_1 + G_2 \qquad (1\text{-}13)$$

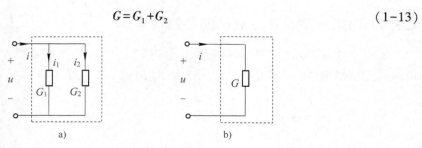

图 1-30　电阻的并联

由式（1-13）可知，电导并联时，等效电导等于各并联电导之和。该结论同样适用于两个以上电导并联的电路。将式（1-13）改写成电阻的形式：

$$\frac{1}{R} = \frac{1}{R_1} + \frac{1}{R_2}$$

得到两个电阻并联的总电阻为

$$R = \frac{R_1 R_2}{R_1 + R_2}$$

对于并联电路，电阻 R_1 和 R_2 的电流可以根据以下分流公式进行计算：

$$i_1 = \frac{R_2}{R_1 + R_2} i , \ i_2 = \frac{R_1}{R_1 + R_2} i$$

3. 电阻混联电路的等效

电阻的连接中既有串联又有并联的形式称为混联。对于简单的混联电路，首先分析电阻的串、并关系，然后利用串、并联公式直接进行等效。对于复杂的混联电路，可采用对电路变形等效的方法分析，例如合并电位相同的节点等。

例 1-11　求图 1-31 所示端口 ab 的等效电阻。

解： 按从局部到端口的顺序进行逐级化简，得

$$R_{ab} = 12 / / 36 \, \Omega = 9 \, \Omega$$

例 1-12　求图 1-32a 所示 ab 端的等效电阻。

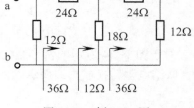

图 1-31　例 1-11 图

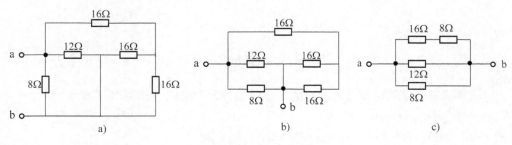

图 1-32　例 1-12 图

15

解：将电位相同的节点合并，可依次画出图1-32b、c所示的等效图，得

$$R_{ab} = 8 // 12 // (16+8) \ \Omega = 4 \ \Omega$$

1.5.4 电阻丫联结和△联结的等效

如图1-33a所示的三端网络是由三个电阻 R_1、R_2 和 R_3 组成的丫联结电路。如图1-33b所示的三端网络是由三个电阻 R_{12}、R_{23} 和 R_{31} 组成的△联结电路。

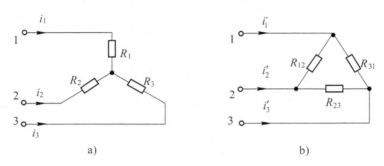

图1-33 电阻的丫联结和△联结电路

a) 丫联结 b) △联结

依据网络等效的定义，如果电阻丫联结和△联结的对应端钮间加有相同的电压 u_{12}、u_{23}、u_{31}，而对应的端钮的流入的端子电流分别相等，即 $i_1 = i_1'$，$i_2 = i_2'$，$i_3 = i_3'$，则这两个网络等效，据此可得到两个网络间的电阻有如下对应的关系：

$$R_{12} = \frac{R_1 R_2 + R_2 R_3 + R_3 R_1}{R_3}, R_{23} = \frac{R_1 R_2 + R_2 R_3 + R_3 R_1}{R_1}, R_{31} = \frac{R_1 R_2 + R_2 R_3 + R_3 R_1}{R_2}$$

$$R_1 = \frac{R_{12} R_{31}}{R_{12} + R_{23} + R_{31}}, R_2 = \frac{R_{23} R_{12}}{R_{12} + R_{23} + R_{31}}, R_3 = \frac{R_{31} R_{23}}{R_{12} + R_{23} + R_{31}}$$

对于图1-34所示的桥形结构电路，利用丫联结和△联结的等效，可以将1、2、3节点的丫联结电阻转换成虚线所示的△联结，从而将问题转化为一般电阻混联电路的化简。

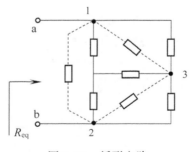

图1-34 桥形电路

当丫联结的三个电阻相等（对称）时，△联结的三个电阻也相等（对称），即若 $R_1 = R_2 = R_3 = R_\curlyvee$，则 $R_{12} = R_{23} = R_{31} = R_\triangle = 3R_\curlyvee$。

例1-13 电路如图1-35所示，求电路中电流 I 值。

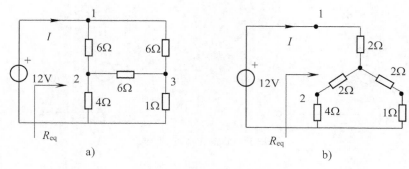

图 1-35　例 1-13 图

解：这是一个电桥电路，既含有丫联结又含有△联结，因此等效变换有多种，现仅选一种，如图 1-35b 所示，正好选择的是 1、2、3 点对称的△联结，转换成对称的丫联结，便容易求得电压源以右的等效电阻：

$$R_{eq} = 2\ \Omega + (4+2)\ \Omega // (2+1)\ \Omega = 4\ \Omega$$

故

$$I = 12/4\ A = 3\ A$$

1.5.5　理想电源的串联与并联等效

由理想电压源和理想电流源的伏安特性，根据等效的定义，可以分析得到理想电源的串联和并联等效电路。

1. 理想电压源的串联

多个理想电压源串联组成的电路可以等效为一个理想电压源，等效电压源的电压等于各串联电压源电压的代数和，如图 1-36 所示。

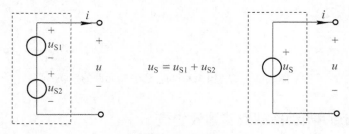

图 1-36　理想电压源的串联

2. 理想电流源的并联

多个理想电流源并联组成的电路可以等效为一个理想电流源，等效电流源的电流等于各并联电流源电流的代数和，如图 1-37 所示。

3. 理想电压源与任意电路元件的并联

理想电压源与任意电路元件的并联均可等效为理想电压源，电压源电压 u_S 保持不变，端口电流 i_S 由外电路决定，如图 1-38 所示。并联的元件如果为理想电压源需等于 u_S，否则就违背了 KVL。

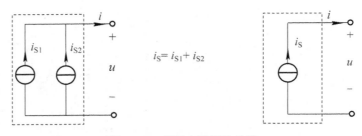

图 1-37　理想电流源的并联

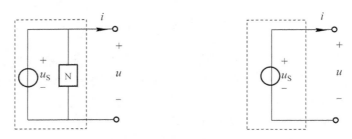

图 1-38　理想电压源与任意电路元件的并联

4. 理想电流源与任意电路元件的串联

理想电流源与任意电路元件的串联均可等效为理想电流源，电流源电流 i_S 保持不变，端口电压 u_S 由外电路决定，如图 1-39 所示。串联的元件如果为理想电流源需等于 i_S，否则就违背了 KCL。

图 1-39　理想电流源与任意电路元件的串联

1.5.6　实际电源的两种模型及其等效变换

与之前介绍的理想电源不同，实际电源需要考虑电源的内阻。首先分析如图 1-40a 所示的实际电源的外特性。根据对实际电源外特性测试电路的实验结果，在 $u-i$ 平面上近似画出实际电源外特性如图 1-40b 所示，其中 u_S 和 i_S 分别称为其开路电压和短路电流。

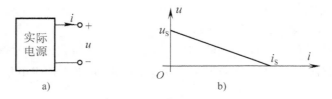

图 1-40　实际电源的外特性

其数学方程即端口伏安关系为

$$u=u_\mathrm{S}-\frac{u_\mathrm{S}}{i_\mathrm{S}}i=u_\mathrm{S}-R_\mathrm{S}i\,(\diamondsuit\ R_\mathrm{S}=u_\mathrm{S}/i_\mathrm{S})$$

或

$$i=i_\mathrm{S}-u/R_\mathrm{S}$$

根据端口伏安关系表达式，实际电源模型可用电压源串联电阻或电流源并联电阻这两种模型表示，如图 1-41 所示。

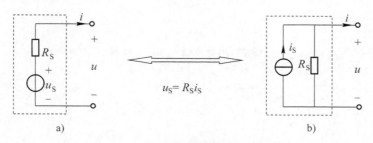

图 1-41　实际电源的两种等效模型

由等效条件可知：实际电源的这两种模型电路是互相等效的。实际电源的互换等效方法可以推广运用，如果理想电压源与外电阻串联，可以把外接电阻看作内阻，即可互换为电流源形式。如果理想电流源与外电阻并联，可把外接电阻看作内阻，互换为电压源形式。

例 1-14　电路如图 1-42 所示，求电路中的电流 i。

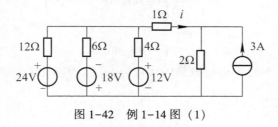

图 1-42　例 1-14 图 (1)

解：应用电源互换法，保持电阻 1Ω 支路不动，把图 1-42 所示电路逐次化为图 1-43a、b 所示电路。

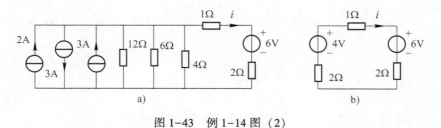

图 1-43　例 1-14 图 (2)

由 KVL 得

$$i=\frac{4-6}{2+1+2}\mathrm{A}=-\frac{2}{5}\mathrm{A}=-0.4\,\mathrm{A}$$

1.5.7 含受控源电路的等效

含受控源电路的等效，一般采用端口伏安关系法。

例 1-15 含受控源电路如图 1-44 所示，求 ab 端的端口伏安关系并求出其等效电路。

解： 采用端口伏安关系法，可得

$$\begin{cases} U = 2 \times (I + I_1 + 2I_1) \\ U = -2I_1 + 8 \end{cases}$$

解得

$$U = 0.5I + 6$$

由该端口伏安关系可画出 ab 端最简的等效电路，如图 1-45 所示。

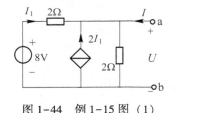

图 1-44 例 1-15 图（1）　　　　图 1-45 例 1-15 图（2）

例 1-16 电路如图 1-46 所示，求 ab 端的最简等效电路。

解： 采用列端口伏安关系法。列出 ab 端口的伏安关系：

$$U = 4\left(I - \frac{U}{10}\right) + 24 + 8\left(I - \frac{U}{10} + 0.2U\right)$$

解得

$$U = 20I + 40$$

由该端口伏安关系可画出 ab 端最简的等效电路，如图 1-47 所示。

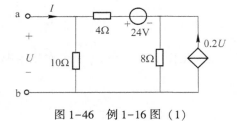 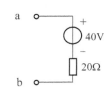

图 1-46 例 1-16 图（1）　　　　图 1-47 例 1-16 图（2）

习题

1-1 电路如题 1-1 图所示，求电阻吸收的功率和电流源发出的功率。

1-2 电路如题 1-2 图所示，若已知元件 C 发出功率为 20 W，求元件 A 和 B 吸收的功率。

1-3 电路如题 1-3 图所示，求端口电压 U。

1-4 电路如题 1-4 图所示，求电流 I。

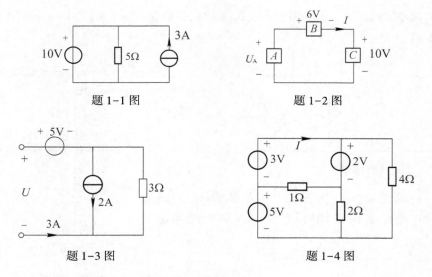

题 1-1 图

题 1-2 图

题 1-3 图

题 1-4 图

1-5 电路如题 1-5 图所示，求电阻 R 吸收的功率 P。

1-6 电路如题 1-6 图所示，求电压 U。

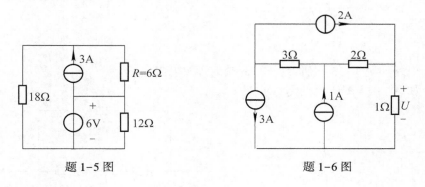

题 1-5 图

题 1-6 图

1-7 如题 1-7 图所示电路，求 I_1，I_2，I_3。

1-8 在题 1-8 图所示电路中，端口 a、b 均为开路，求电路中的 U_{ab}。

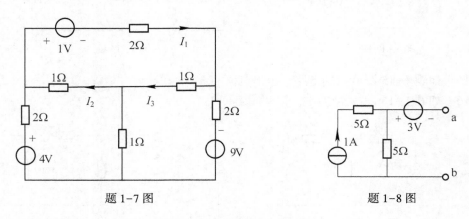

题 1-7 图

题 1-8 图

1-9 电路如题 1-9 图所示，求受控源发出的功率 P。

1-10 求题 1-10 图所示电路中各电源（独立源和受控源）的功率，并指出各功率是吸收还是产生的。

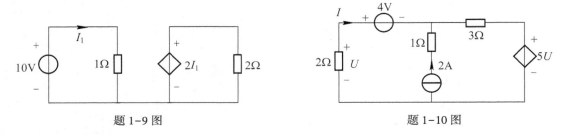

题 1-9 图　　　　　　　　　　　　题 1-10 图

1-11 电路如题 1-11 图所示，求 ab 端的等效电阻 R_{ab}。

1-12 电路如题 1-12 图所示，求 ab 端的等效电阻 R_{ab}。

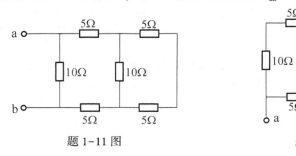

题 1-11 图　　　　　　　　　　　题 1-12 图

1-13 电路如题 1-13 图所示，求 ab 端的等效电阻 R_{ab}。

1-14 如题 1-14 图所示电路，求 I。

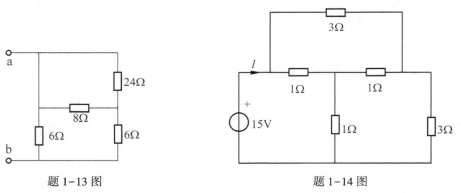

题 1-13 图　　　　　　　　　　　题 1-14 图

1-15 如题 1-15 图所示的电路，求出电流 I。

1-16 如题 1-16 图所示电路，求未知电阻 R。

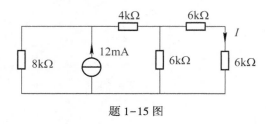
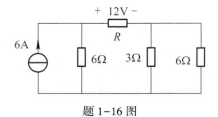

题 1-15 图　　　　　　　　　　　题 1-16 图

1-17 电路如题 1-17 图所示，求支路电流 I。

1-18 电路如题 1-18 图所示，求端口的等效电阻 R_{ab}。

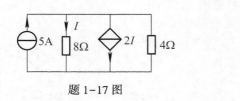

题 1-17 图

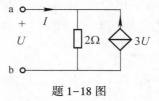

题 1-18 图

1-19 电路如题 1-19 图所示，求 ab 端的等效电阻 R_{ab}。

1-20 电路如题 1-20 图所示，求端口伏安关系。

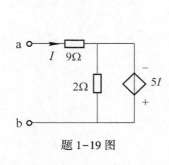

题 1-19 图

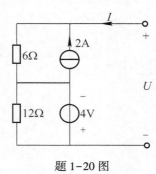

题 1-20 图

1-21 电路如题 1-21 图所示，求电流 I。

1-22 电路如题 1-22 图所示，端口 a、b 均为开路，求电路中的端口电压 U_{ab}。

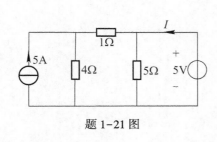

题 1-21 图

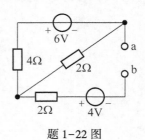

题 1-22 图

1-23 电路如题 1-23 图所示，求电路中的电流 I。

1-24 求题 1-24 图所示电路中的电流 I。

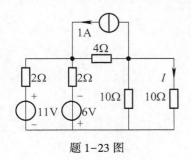

题 1-23 图

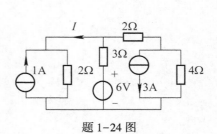

题 1-24 图

1-25 电路如题 1-25 图所示，求：

（1）求 ab 端的电压 U_{ab}。

（2）如 ab 间用理想导线短接，求短路电流 I_{ab}。

1-26 电路如题 1-26 图所示，求电流 I_1 和电压 U。

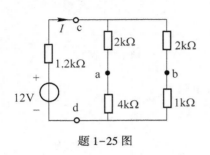

题 1-25 图

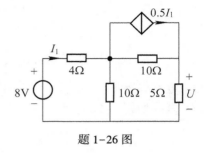

题 1-26 图

第2章 电阻电路分析

在学习了电路理论中的基本定律之后，本章将对线性电阻电路的分析方法进行讨论。所谓线性电阻电路，是指由独立源（电压源、电流源）、线性电阻、线性受控源所组成的电路。由于本章所介绍的几种分析方法适用于所有的线性电路，因此学习直流电阻电路的分析方法既相对简单，适合于初学者理解和掌握，同时又为后续动态电路、正弦稳态电路的分析打下基础。

第1章中学习的等效分析法特别适合于求解待求响应在一条支路上的情况，而当问题为求解电路当中多条支路的多个响应时，采用等效分析法就需要对网络进行多次划分和多次等效变换，反而使问题复杂化。因此本章将介绍分析电路的新方法——方程法（也称为一般分析法），这种方法的特点是不需要改变电路的结构，而是选择一组合适的变量，根据两类约束建立改组变量的独立方程组，通过求解电路方程，进而求得所需的响应。而如何选取合适的变量是方程法的首要问题，我们将以图论作为数学工具来找到电路中的独立变量，并建立相应的独立方程。本章介绍的方程法主要包括：网孔分析法、节点分析法等。其分析思路为：选取独立变量，建立联立方程组，求解方程组得到独立变量的电压或电流值，再借助两类约束确定其他响应。

为进一步加强处理复杂电路问题的能力，本章还将电路技术专家们经过多年研究提出的一些可以简化电路分析的定理进行介绍，其中包括齐次定理、叠加定理、替代定理、等效电源定理、最大功率传输定理等。这些定理为求解电路问题提供了新的思路和方法，且被大量应用于后续课程（如模拟电子技术等）的分析推导中。

2.1 图与独立变量、独立方程

2.1.1 图论的相关知识

图论是数学家欧拉开创的，起源于著名的古典数学问题之一——七桥难题。18世纪东普鲁士的首都哥尼斯堡（现更名为加里宁格勒），有一条美丽的河流名叫布勒格尔河。河的两条支流在这里汇合，然后横贯全城，流入大海。河心有两座小岛，也就是说河水把城市分成了4块，于是，人们建造了7座各具特色的桥，把哥尼斯堡连成一体，如图2-1所示。

不知从何时起，脚下的桥梁触发了人们的灵感，一个有趣的问题在居民中传开了：谁能够一次走遍所有的7座桥，而且每座桥都只通过一次？这个问题似乎不难，可是谁也没有找到一条这样的路线，连以博学著称的大学教授们，也感到一筹莫展。

这件事引起了大数学家欧拉的兴趣。欧拉并没有去亲自测试可能的路线，因为他知道如果沿着所有可能的路线都走一次的话，一共要走5040次，就算是一天走一次，也需要13年多的时间。欧拉试着用他所擅长的数学来分析问题，他用顶点表示陆地区域，用连接相应顶点的线段表示各座桥，如图2-2所示。于是七桥难题就变为一道数学问题：是否可能连续沿各线段，从某一始点出发只经过各线段一次且仅仅一次又回到出发点，即是否存在一条"单行曲线"。在经过一年的研究之后，29岁的欧拉提交了《哥尼斯堡的七座桥》的论文，圆满解决了这一问题，同时开创了数学新一分支——图论。在论文中，欧拉指出：存在单行曲线的必要、充分条件是奇次顶点（连接于顶点的线段数为奇数）的数目为0。因此七桥难题的答案是否定的，因为连接各陆地的桥均为奇数。

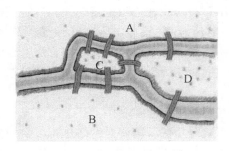

图2-1　七桥难题示意图

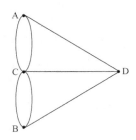

图2-2　七桥难题图模型

图论的应用非常广泛，在原子结构、生物系统、交通运输系统、社会学等领域均有应用。在电网络中，图论可应用于大规模电路、计算机网络、集成电路布局及布线等。借助图论来分析电路，其实是将重点置于电路的连接特性和拓扑规律，为选择独立变量和建立独立方程提供理论依据，接下来将介绍电路的图中相关重要概念。

1. 电路的图

若将电路中的每一个元件用一条线段代替，称之为支路；而将每一个元件的端点或若干个元件相连接的点用一个圆点表示，称之为节点。如此得到的一个点、线的集合，就称为电路的图，用符号G代表。电路的图只表明网络中各支路的连接情况，而不涉及元件的性质，即它只是用以表示电路拓扑结构的图形。

在图2-3中，分别画出了电路模型和它所对应的图。如果认为每个二端元件构成一个电路的支路，那么图中有7条支路。而更多情况下，将元件的串、并联组合作为一条复合支路来处理，例如：将电压源（含受控电压源）连同串联的元件作为一条复合支路；将电流源（含受控电流源）连同并联的元件作为一条复合支路。这样图2-3就具有4个节点、6条支路。

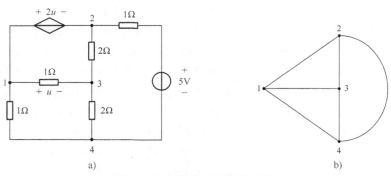

图2-3　电路模型与电路的图

2. 图的分类

（1）连通图与非连通图

在图 G 中，如果任意两个节点之间至少有一条路径存在，则此图称为连通图，否则就称为非连通图。在图 2-4 中，图 2-4a 为连通图，图 2-4b 为非连通图。

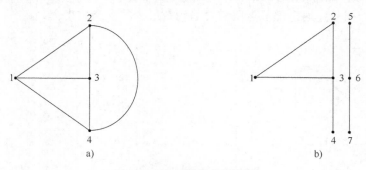

图 2-4　连通图与非连通图

（2）平面图与非平面图

凡是能在一个平面上绘出，而又不致有两条支路在一个非节点处交叉的图，称为平面图，否则称为非平面图。在图 2-5 中，图 2-5a 为平面图，图 2-5b 为非平面图。其中图 2-5a 看起来有交叉支路，但是整理后又没有交叉支路，因此仍然为平面电路。

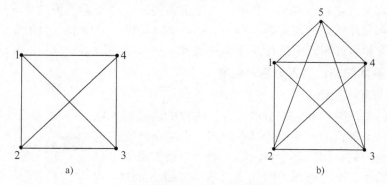

图 2-5　平面图与非平面图

（3）子图

如果图 G_a 中的每一个节点和支路都是图 G 中的节点和支路，即图 G_a 是图 G 的一部分，则 G_a 叫作 G 的子图。在图 2-6 中，图 2-6b 为图 2-6a 的子图。

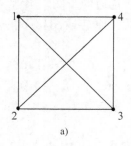

图 2-6　图与子图

27

3. 树、树支与连支

（1）树

树是一个连通图的子图，该子图也是一个连通图，该子图包含了连通图 G 的全部节点，但不包含任何回路。若节点数为 n，则可以证明树共有 n^{n-2} 个。在图 2-7 中，图 2-7b、c 均为图 2-7a 的树。树是连通全部节点所需要的为数最少的支路的集合。

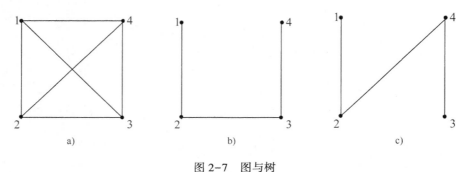

图 2-7　图与树

（2）树支与连支

树中的支路叫作树支，而不属于树的支路都叫作连支。任一连通图 G 中可以选出许多不同的树。但树一经选定后，图 G 的所有支路中，哪些是树支，哪些是连支，就完全确定了。把 n 个节点全部连通以构成一种树时，至少需要 $n-1$ 条支路，因此树支的个数为 n。而连支数等于全部支路数减去树支数，即 $b-n+1$。也就是说，一个节点数为 n，支路数为 b 的连通图 G，无论如何选树，恒具有 $n-1$ 条树支和 $b-n+1$ 条连支。

4. 回路与基本回路、割集与基本割集

（1）回路与基本回路

如果路径的始端节点和终端节点重合，这样的路径称为回路。而只包含一条连支的回路叫作基本回路。由每条连支决定的基本回路是唯一的，因此基本回路的个数即为连支数 $b-n+1$ 个。值得注意的是，平面电路的网孔也是基本回路，如图 2-8 所示。

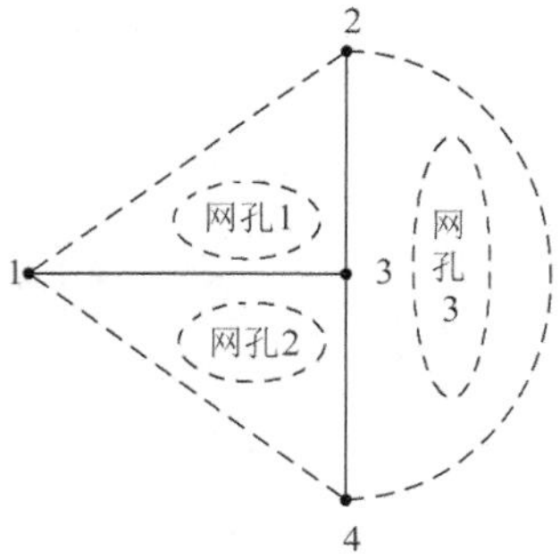

（2）割集与基本割集

任一连通图 G 中，符合下列两个条件的支路集叫作图 G 的割集：该支路集中的所有支路被移去（但所有节点予以保留）后，原连通图留下的图形将是两个彼此分离而又各自连通的子图（含孤立节点）；该支路集中，当保留任一支路，而将其余的所有支路移去后，原连通图留下的图形仍然是连通的。

图 2-8　平面电路的网孔

图 2-9a 给出了几个典型的割集：{1，2，8，10}，{1，3，6，7，8，10}，{3，4，8，9} 等。以割集 {1，3，6，7，8，10} 为例，当将支路 1、3、6、7、10 移除后，图 G 被分割成图 2-9b 所示的两部分。但如果这 6 条支路中任何一条被加上，图 2-9b 就成为一个连通图。

其中，只包含一条树支的割集叫作基本割集。如果在图 2-9 中选取 {1，2，3，4} 作

为树的话，那么 {4，5，7，10} 就是一个基本割集。由每一树支确定的基本割集是唯一的，因此基本割集的个数即为 $n-1$，n 为树支数。

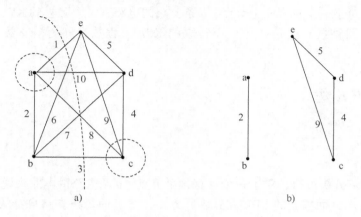

图 2-9 割集

2.1.2 独立变量与独立方程

2.1.1 节介绍了电路的图中相关重要概念，接下来以图论作为工具来探寻电路中的独立变量和独立方程。

1. 独立变量

独立变量应同时具备独立性和完备性。所谓独立性是指各变量之间无法相互表示，而完备性则是指其他任意变量都可以由这组变量来表示。

连支电流就是一组独立变量。首先证明独立性：连通图中的任意一个节点上，都必定连接至少一条树支，因此各连支电流之间无法由任意一个节点的 KCL 方程建立联系，也就是说各连支电流无法相互表示。再证明完备性：每一个基本割集都拥有一条唯一的树支，剩余均为连支。取其中一个基本割集补全为封闭的曲面，即看成是一个广义节点，对该广义节点建立 KCL 方程，就可以得到由连支电流所表示该基本割集的树支电流。同理，其余各基本割集的树支电流也均可由连支电流来表示。而再通过两类约束，还可以由连支电流求得每条支路和每个元件的电压，故连支电流具有完备性。

与连支电流相对应，树支电压也是一组独立变量。首先证明其独立性：连通图中的每个回路都包含至少一条连支，因此各树支电压之间无法有任意一个回路的 KVL 方程建立联系。也就是说各树支电压间无法相互表示。接下来证明完备性：每一个基本回路都拥有一条唯一的连支，剩余均为树支，可以通过基本回路的 KVL 方程，得到由树支电压所表示的每一个基本回路的连支电压。而所有支路的电压都得到之后，就可以通过两类约束，求得每条支路和每个元件的电流，故树支电压具有完备性。

2. 独立方程

每个基本回路都含有一条唯一的连支，即每个基本回路的 KVL 方程中都含有一个其他方程所没有的连支电压变量，因此基本回路的 KVL 方程是独立的。

相应地，每个基本割集都含有一条唯一的树支，即每个基本割集的 KCL 方程中都含有一个其他方程所没有的树支电压变量，因此基本割集的 KCL 方程是独立的。

综上所述，对于一个具有 n 个节点、b 条支路的电路来说，独立的 KVL 方程数目即为连支数（也是基本回路数）$b-n+1$ 个，而独立的 KCL 方程数目即为树支数（也是基本割集数）$n-1$ 个。

2.2 $2b$ 法和 b 法

2.2.1 $2b$ 法

通过 2.2.1 节分析可得，对于一个具有 n 个节点、b 条支路的电路来说，独立的 KVL 方程数目为 $b-n+1$ 个，而独立的 KCL 方程数目为 $n-1$ 个，而每条支路自身的电压和电流关系方程数目为 b 个，也就是可以建立 $2b$ 个方程。如果选择每条支路电压和电流作为变量，通过这 $2b$ 个方程就可以求解 b 个支路电流和 b 个直流电压。由于 b 条支路的电压和电流一共有 $2b$ 个变量，这种通过列写 $2b$ 个方程求解 $2b$ 个变量的方法就称为 $2b$ 法。

例 2-1 如图 2-10 所示电路，要求应用 $2b$ 法求解支路电压 u_3 和支路电流 i_6。

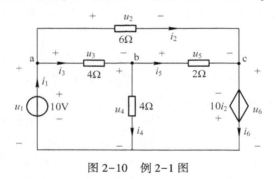

图 2-10 例 2-1 图

解：如图 2-10 所示假设每条支路的电压和电流参考方向，观察到该电路共有 4 个节点和 6 条支路，因此可以建立 3 个独立节点的 KCL 方程、3 个独立回路的 KVL 方程和 6 个支路的端口伏安关系。

首先写出 3 个节点 a、b、c 的 KCL 方程组：

$$\begin{cases} i_1 = i_2 + i_3 \\ i_3 = i_4 + i_5 \\ i_6 = i_2 + i_5 \end{cases}$$

然后写出 3 个网孔的 KVL 方程组：

$$\begin{cases} u_1 = u_3 + u_4 \\ u_4 = u_5 + u_6 \\ u_2 = u_3 + u_5 \end{cases}$$

最后再列写 6 条支路的端口伏安关系：

$$\begin{cases} u_1 = 10 \\ u_2 = 6i_2 \\ u_3 = 4i_3 \\ u_4 = 4i_4 \\ u_5 = 2i_5 + u_6 \\ u_6 = -10i_2 \end{cases}$$

联立求解以上方程组，可得

$$\begin{cases} u_3 = -5\text{ V} \\ i_6 = -6.5\text{ A} \end{cases}$$

从例 2-1 中可以看出，尽管采用 2b 法对直流电阻电路建立方程组比较直观简便，但是由于变量数和方程数过多，尤其对于大规模电路来说，求解方程的计算量相当繁重，因此这种分析方法只适合于计算机求解电路问题。

2.2.2 b 法

如果在例 2-1 中，仅设 b 条支路的电压（或电流）作为变量，去列写 b 个独立的 KCL 和 KVL 方程，那么方程的数目就会减少一半，这种求解方法就称为 b 法，也称为直流电压（或电流）法。

例 2-2　如图 2-11 所示电路，要求应用 b 法求解电压源所产生的功率。

解： 如图 2-11 所示假设每条支路的电流参考方向，观察到该电路共有 4 个节点和 6 条支路，因此可以建立 3 个独立节点的 KCL 方程和 3 个独立回路的 KVL 方程。

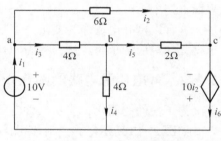

图 2-11　例 2-2 图

首先写出 3 个节点 a、b、c 的 KCL 方程组：

$$\begin{cases} i_1 = i_2 + i_3 \\ i_3 = i_4 + i_5 \\ i_6 = i_2 + i_5 \end{cases}$$

再写出 3 个网孔的 KVL 方程组：

$$\begin{cases} 4i_3 + 2i_5 = 6i_2 \\ 4i_3 + 4i_4 = 10 \\ 4i_4 = -10i_2 + 2i_5 \end{cases}$$

联立 6 个方程组，可得

$$\begin{cases} i_1 = -3.75\text{ A} \\ i_2 = -2.5\text{ A} \\ i_3 = -1.25\text{ A} \\ i_4 = 3.75\text{ A} \\ i_5 = -5\text{ A} \\ i_6 = -6.5\text{ A} \end{cases}$$

由此可得，电压源所产生的功率为

$$P_{10V} = 10i_1 = -37.5\,W$$

2.3 网孔分析法

2.2 节中提到，连支电流是一组独立变量。那么若以连支电流作为变量，建立 $b-n+1$ 个基本回路的 KVL 方程，求得连支电流后，就可以通过连支电流来确定其他响应。而网孔本身即为基本回路，则立足于建立网孔 KVL 的网孔分析法正体现了这一思路。

2.3.1 网孔法的提出

1847 年，基尔霍夫（Kirchhoff）在确立基尔霍夫定律（KCL、KVL）的同时也确定了网孔原理。如图 2-12 所示，如果将树均选在图的内部，假想每个网孔中都有一个沿着网孔边界流动的电流 i_{m1}、i_{m2}、i_{m3}，那么此时的网孔电流就是连支电流，因此它也是一组独立变量。在 2.2 节中提到平面电路的网孔也是基本回路，以网孔电流作为独立变量去建立每个网孔的 KVL 方程也是独立的方程，因此网孔法也只适用于平面电路中。

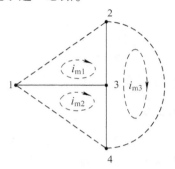

图 2-12　网孔与网孔电流

这种以网孔电流作为变量，直接列写每个网孔的 KVL 方程，通过先求得网孔电流进而求得其他响应的求解方法，称为网孔分析法。

2.3.2 含电压源电路的网孔分析法

为了使问题简化，先从仅含电压源和电阻元件的直流电阻电路入手来研究网孔分析法。

如图 2-13 所示电路，对该电路建立网孔的 KVL 方程如下：

$$\begin{cases} R_1 i_{m1} + R_3(i_{m1}-i_{m3}) + R_2(i_{m1}-i_{m2}) = -U_{S1} \\ R_2(i_{m2}-i_{m1}) + R_4(i_{m2}-i_{m3}) = U_{S2} \\ R_3(i_{m3}-i_{m1}) + R_5 i_{m3} + R_4(i_{m3}-i_{m2}) = 0 \end{cases} \quad (2-1)$$

整理得

$$\begin{cases} (R_1+R_2+R_3)i_{m1} - R_2 i_{m2} - R_3 i_{m3} = -U_{S1} \\ (R_2+R_4)i_{m2} - R_2 i_{m1} - R_4 i_{m3} = U_{S2} \\ (R_3+R_4+R_5)i_{m3} - R_3 i_{m1} - R_4 i_{m2} = 0 \end{cases} \quad (2-2)$$

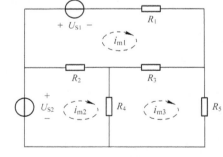

图 2-13　含电压源电路网孔分析法

通过观察，可以总结出如下规律：在网孔 1 的 KVL 方程当中，i_{m1} 的系数是网孔 1 中的所有电阻之和，称它为自电阻；而 i_{m2} 的系数是网孔 1 与网孔 2 共用电阻的相反数，称它为互电阻。由于网孔电流 i_{m1}、i_{m2}、i_{m3} 同取顺时针绕向，在相邻两个网孔的公共支路上，流过公共电阻的网孔电流方向相反，因此互电阻的符号为负（如果方向一致则取正）。等式的左边为顺网孔电流绕行方向的电压降之和，等式的右边则为顺网孔电流绕行方向所有电压源电压升的代数和。

一般地，如果电路包含 n 个网孔，则网孔方程的通式如下：

$$\begin{cases} R_{11}i_1+R_{12}i_2+\cdots+R_{1n}i_n=u_{S11} \\ R_{21}i_1+R_{22}i_2+\cdots+R_{2n}i_n=u_{S22} \\ \quad\vdots \\ R_{n1}i_1+R_{n2}i_2+\cdots+R_{nn}i_n=u_{Snn} \end{cases} \quad (2-3)$$

式中，R_{kk} 代表网孔 k 的自电阻，符号为正；R_{kj} 代表网孔 k 与网孔 j 的互电阻，符号为负；u_{Skk} 为网孔 k 中电压源沿网孔电流绕行方向电压升的代数和。（沿绕行方向电压升为"+"号，电压降为"–"号）。

因此，对包含 $b-n+1$ 个网孔的电路进行网孔分析法时，应按照以下三个步骤。

1）对每个网孔指定网孔电流及其参考方向，为使互电阻符号统一，通常同取顺时针方向或逆时针方向。

2）利用式（2-3）列写每个网孔的 KVL 方程组。

3）求解上述联立方程组，得到各网孔电流，再由网孔电流求解其他响应。

例 2-3　如图 2-14 所示电路，试用网孔分析法求解电流 i 和电压 u。

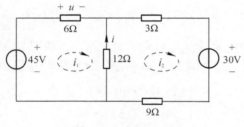

图 2-14　例 2-3 图

解：设网孔电流 i_1、i_2 如图 2-14 所示，应用网孔法通式可以得到方程组：

$$\begin{cases} (6+12)i_1-12i_2=45 \\ (3+9+12)i_2-12i_1=-30 \end{cases}$$

联立求解以上方程得

$$\begin{cases} i_1=2.5\ \text{A} \\ i_2=0\ \text{A} \end{cases}$$

所求响应为

$$\begin{cases} u=6i_1=15\ \text{V} \\ i=i_2-i_1=-2.5\ \text{A} \end{cases}$$

2.3.3　含电流源电路的网孔分析法

若电路含有电流源，分析过程可能会比较复杂，下面分情况来讨论。

1）若无伴电流源仅存在于一个网孔中，即该无伴电流源为网孔 2 所独有，如图 2-15 所示，则该网孔电流为已知，该网孔的 KVL 方程可省去。列写网孔 KVL 方程如下：

$$\begin{cases} (6+12)i_1 - 12i_2 = 45 \\ i_2 = -4 \end{cases}$$

2）若无伴电流源所在支路为两个网孔所共有，如图 2-16 所示，则可设电流源两端电压为未知变量 u_x，再补充一个辅助方程，即电流源电流与网孔电流之间的关系，列写方程组如下：

$$\begin{cases} 6i_1 = 45 - u_x \\ (3+9+12)i_2 = u_x \\ i_2 - i_1 = 4 \end{cases}$$

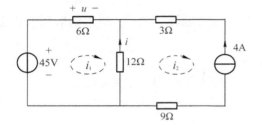

图 2-15　含独有无伴电流源电路

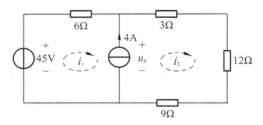

图 2-16　含共有无伴电流源电路

3）若支路中存在有伴电流源（电流源并联电阻），如图 2-17a 所示，则将其转换成有伴电压源（电压源串联电阻），如图 2-17b 所示。再按网孔法通式列写方程式如下：

$$\begin{cases} (6+3)i_1 - 3i_2 = 45 \\ (3+12+9+3)i_2 - 3i_1 = 12 \end{cases}$$

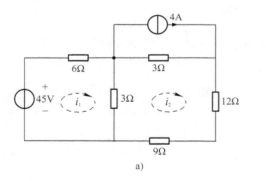

a)

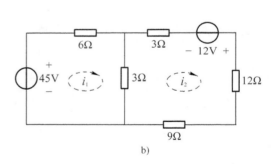

b)

图 2-17　含有伴电流源电路

2.3.4　含受控源电路的网孔分析法

如果电路中还含有受控源，在用网孔分析法时可以将受控源当成独立源一样对待，用网孔法通式列写 KVL 方程，再补充辅助方程，辅助方程为受控源的控制量与网孔电流之间的关系。

例 2-4　如图 2-18 所示电路，求电压 u。

解：设网孔电流 i_1、i_2、i_3 如图 2-18b 所示，则根据网孔法可建立方程组如下：

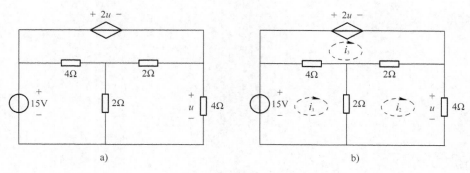

图 2-18　例 2-4 图

$$\begin{cases} (4+2)i_1 - 2i_2 - 4i_3 = 15 \\ (2+2+4)i_2 - 2i_1 - 2i_3 = 0 \\ (2+4)i_3 - 4i_1 - 2i_2 = -2u \\ u = 4i_2 \end{cases}$$

联立求解得

$$\begin{cases} i_1 = 3.75\ \mathrm{A} \\ i_2 = 1.25\ \mathrm{A} \\ i_3 = 1.25\ \mathrm{A} \\ u = 5\ \mathrm{V} \end{cases}$$

故所求响应为

$$u = 5\ \mathrm{V}$$

例 2-5　求解图 2-19 所示电路中的 u_x。

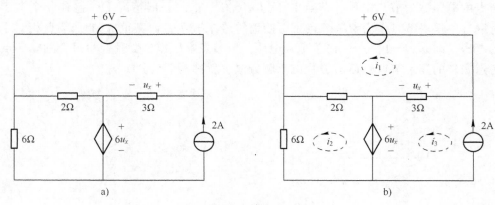

图 2-19　例 2-5 图

解：设网孔电流 i_1、i_2、i_3 如图 2-19b 所示，则根据网孔法可建立方程组如下：

$$\begin{cases} (2+3)i_1 - 2i_2 - 3i_3 = 6 \\ (2+6)i_2 - 2i_1 = 6u_x \\ i_3 = 2 \\ u_x = 3(i_3 - i_1) \end{cases}$$

联立求解得

$$\begin{cases} i_1 = \dfrac{7}{3}\ \text{A} \\[2mm] i_2 = -\dfrac{1}{6}\ \text{A} \\[2mm] i_3 = 2\ \text{A} \\[2mm] u_x = -1\ \text{V} \end{cases}$$

故所求响应为

$$u_x = -1\ \text{V}$$

2.4 节点分析法

2.4.1 节点法的提出

1873 年麦克斯韦（Maxwell）在他的著作《电磁通论》（*Treatise on Electricity and Magnet-ism*）中首先确立了节点法原理。在 2.1.2 节中提到的树支电压也是一组独立变量，基本割集的 KCL 方程是独立方程。那么以树支电压作为变量去建立基本割集的 KCL 方程，就提供了另一种方程法的解题思路。如图 2-20a 所示电路，选择一棵特殊的树，这棵树的树支均连接在同一节点 3 上，然后选取图中的 3 个基本割集，此时基本割集的 KCL 方程就是 1、2、4 节点的 KCL 方程。同样的情况还可以画出其他三种树。由此可以总结出在一般情况下，含有 n 个节点的电路，有 $n-1$ 个节点的 KCL 方程是独立方程，因此称这些节点为独立节点。

如图 2-20b 所示电路，选取节点 3 作为参考点（参考点的电位为零），其他节点相对于参考节点的电压称为节点电压，节点电压为 u_1、u_2、u_3。一般情况下，包含 n 个节点的电路，选取其中任一节点作为参考节点，用接地符号来表示，而其他 $n-1$ 个节点相对于参考节点的电压，即 $u_k(k=1,\cdots,n-1)$ 为节点电压。以节点电压作为变量列写每个独立节点（即除参考点之外的其余节点）KCL 方程的求解方法，就称为节点分析法。

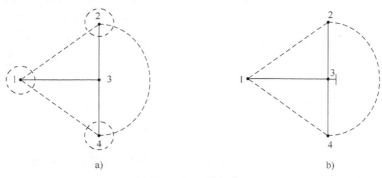

图 2-20 基本割集

2.4.2 含电流源电路的节点分析法

为了使问题简化，先从仅含电流源的直流电阻电路入手来研究节点分析法。

如图 2-21 所示电路, 对该电路建立独立节点的 KCL 方程如下:

$$\begin{cases} G_1 u_1 + G_2(u_1 - u_2) = I_{S1} - I_{S2} \\ G_2(u_2 - u_1) + G_3 u_2 + G_4 u_2 = I_{S2} \end{cases} \tag{2-4}$$

整理得

$$\begin{cases} (G_1 + G_2) u_1 - G_2 u_2 = I_{S1} - I_{S2} \\ (G_2 + G_3 + G_4) u_2 - G_2 u_1 = I_{S2} \end{cases} \tag{2-5}$$

通过观察, 可以总结出如下规律: 在节点 1 的 KCL 方程当中, u_1 的系数是连接在节点 1 上的所有电导之和, 称它为自电导; 而 u_2 的系数是节点 1 与节点 2 共用支路电导的相反数, 称它为互电导, 注意互电阻的符号恒为负。等式的左边为流出节点 1 的电导上电流的代数和, 等式的右边则为流入节点 1 所有电流源电流的代数和。

一般地, 如果电路包含 n 个节点, 则节点方程的通式如下:

$$\begin{cases} G_{11} u_1 + G_{12} u_2 + \cdots + G_{1n} u_n = i_{S11} \\ G_{21} i_1 + G_{22} i_2 + \cdots + G_{2n} i_n = i_{S22} \\ \quad\vdots \\ G_{n1} i_1 + G_{n2} i_2 + \cdots + G_{nn} i_n = i_{Snn} \end{cases} \tag{2-6}$$

式中, G_{kk} 代表节点 k 的自电导, 符号为正; G_{kj} 代表节点 k 与节点 j 的互电导, 符号为负; i_{Sk} 为流入节点 k 的所有电流源电流的代数和。(流入该节点为 "+" 号, 流出为 "−" 号)。

因此, 对包含 n 个节点的电路进行节点分析法时, 应按照以下三个步骤。

1) 选取任意节点作为参考节点, 其余 $n-1$ 个节点相对于参考点的电压分别为 u_1、$u_2 \cdots u_{n-1}$。

2) 利用通式列写 $n-1$ 个节点的 KCL 方程组。

3) 求解 $n-1$ 个联立方程, 得到节点电压, 再由节点电压求解其他响应。

例 2-6 如图 2-22 所示电路, 试用节点分析法求解电流 i 和电压 u。

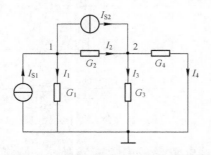
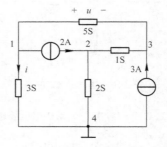

图 2-21 仅含电流源的直流电阻电路   图 2-22 例 2-6 图

解: 选择节点 4 作为参考节点, 则可列出节点方程如下:

$$\begin{cases} (3+5) u_1 - 5 u_3 = -2 \\ (2+1) u_2 - u_3 = 2 \\ (5+1) u_3 - 5 u_1 - u_2 = 3 \end{cases}$$

联立求解以上方程得

$$\begin{cases} u_1 = 0.282 \text{ V} \\ u_2 = 1.077 \text{ V} \\ u_3 = 1.231 \text{ V} \end{cases}$$

所求响应为

$$\begin{cases} i = 3u_1 = 0.846 \text{ A} \\ u = u_1 - u_3 = -0.949 \text{ V} \end{cases}$$

2.4.3 含电压源电路的节点分析法

若电路含有电压源，用节点法进行分析的过程可能会比较复杂，下面分情况来讨论。

1）若电路中仅含有一个无伴电压源，如图 2-23 所示，则取该电压源的负极性端为参考地点，则正极性端的电压为已知，该节点的 KCL 方程可省去：

$$\begin{cases} u_1 = 45 \\ \left(\dfrac{1}{3} + \dfrac{1}{12+9} \right) u_2 - \dfrac{1}{3} u_1 = 4 \end{cases}$$

2）若含有两个或两个以上无伴电压源，如图 2-24 所示，则对其中一个无伴电压源采取上述办法处理，而对其他无伴电压源设其电流为未知变量 i_x，再补充一个辅助方程，即电压源电压与节点电压之间的关系：

$$\begin{cases} u_1 = 45 \\ \left(\dfrac{1}{3} + \dfrac{1}{12+9} \right) u_2 - \dfrac{1}{3} u_1 = i_x \\ u_2 - u_1 = 12 \end{cases}$$

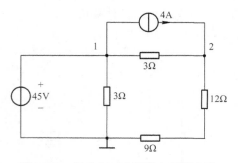

图 2-23　仅含有一个无伴电压源电路

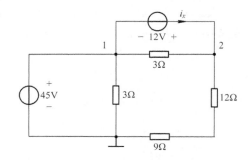

图 2-24　含有两个无伴电压源电路

3）若支路中存在有伴电压源（电压源串联电阻），如图 2-25a 所示，则将其转换成有伴电流源（电流源并联电阻），如图 2-25b 所示：

$$\begin{cases} \left(\dfrac{1}{6} + \dfrac{1}{3} + \dfrac{1}{3} \right) u_2 - \dfrac{1}{6} \times 45 - \dfrac{1}{3} u_3 = -4 \\ \left(\dfrac{1}{3} + \dfrac{1}{12} \right) u_3 - \dfrac{1}{3} u_2 = 4 \end{cases}$$

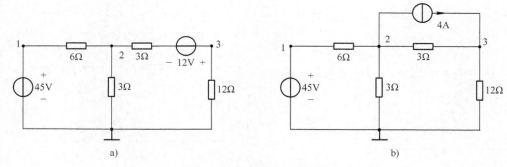

图 2-25 含有伴电压源电路

2.4.4 含受控源电路的节点分析法

如果电路中还含有受控源，在用节点分析法时可以将受控源当成独立源一样对待，用节点法通式列写 KCL 方程，再补充辅助方程，辅助方程为受控源的控制量与节点电压之间的关系。

例 2-7 如图 2-26 所示电路，求电压 u。

解： 设节点 4 为参考点，则所需方程组为

$$\begin{cases} u_1 = 15\ \text{V} \\ \left(\dfrac{1}{4}+\dfrac{1}{2}+\dfrac{1}{2}\right)u_2 - \dfrac{1}{4}\times 15 - \dfrac{1}{2}u_3 = 0 \\ \left(\dfrac{1}{2}+\dfrac{1}{4}\right)u_3 - \dfrac{1}{2}u_2 = i_x \\ u_1 - u_3 = 2u = 2u_3 \end{cases}$$

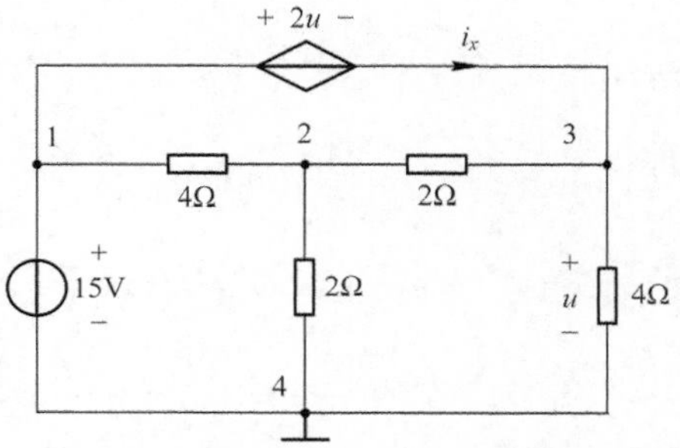

图 2-26 例 2-7 图

联立求解得

$$\begin{cases} u_1 = 15\ \text{V} \\ u_2 = 5\ \text{V} \\ u = u_3 = 5\ \text{V} \\ i_x = 1.25\ \text{A} \end{cases}$$

故所求响应为 $u = 5\ \text{V}$。

例 2-8 求图 2-27a 所示电路中的 u_{ab} 和 u，i。

解： 采用节点法，设节点如图 2-27b 所示，节点 b 为参考点，受控电压源流入节点 c 的电流为 i_x，将 a、c 节点间的有伴电压源用有伴电流源进行等效，则列写方程组如下：

$$\begin{cases} \left(1+\dfrac{1}{2}+\dfrac{1}{2}\right)u_a - \dfrac{1}{2}u_d - \dfrac{1}{2}u_c = \dfrac{4}{2}+1 \\ u_d = 2 \\ u = u_a - u_d = u_a - 2 \\ 2u = u_c - u_d = u_c - 2 \end{cases}$$

联立求解得

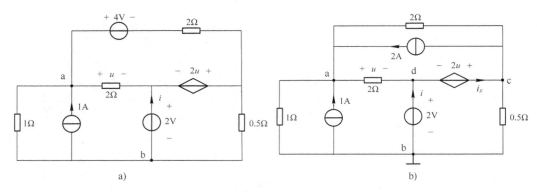

图 2-27 例 2-8 图

$$\begin{cases} u_a = 3\ \text{V} \\ u_c = 4\ \text{V} \\ u_d = 2\ \text{V} \end{cases}$$

故

$$u_{ab} = u_a = 3\ \text{V}$$

$$u = u_a - u_d = (3-2)\ \text{V} = 1\ \text{V}$$

再由

$$\begin{cases} i + \dfrac{u}{2} = i_x \\ i_x = \dfrac{u_c}{0.5} + \dfrac{u_c - u_a + 4}{2} \end{cases}$$

可得

$$\begin{cases} i_x = 10.5\ \text{A} \\ i = 10\ \text{A} \end{cases}$$

2.5 齐次定理和叠加定理

2.5.1 线性电路的性质

所谓线性电路是指由线性元件、线性受控源及线性独立源组成的电路。在电路中，独立源是电路的输入，在电路中起到激励的作用，又称为激励源；而电路各处的电压和电流是由激励引起的输出，称之为响应。在线性电路中，响应与激励源之间应既满足齐次性又满足叠加性。

齐次性是指对于具有单一激励的线性时不变电路，各响应与激励之间存在着线性关系，若激励放大 m 倍，则电路各处的响应也相应地放大 m 倍。叠加性是指线性电路在有多个激励源共同作用所产生的响应等于每一个激励单独作用时产生的结果之和。注意，由于功率 $p = i^2 R = u^2/R$ 是二次函数，而不是线性函数，因此功率和电压（或电流）之间的关系是非线性的，因此齐次性和叠加性并不适用于功率的计算。

将线性电路的齐次性和叠加性用定理的形式来表达就是齐次定理和叠加定理。当电路中有多种或多个激励源共同作用时，它们为求解响应提供了新的思路和方法，也为研究响应与激励的关系提供了理论依据，还可作为推导其他电路定理的基础。下面就分别介绍这两个定理。

2.5.2 齐次定理

如图 2-28 所示，N 为无源的线性网络。N 网络的输入端接电流源 i_S，输出端接负载 R_L，即以电流源电流 i_S 为输入，负载 R_L 上流过的电流 i 为输出。当电流源电流 $i_S = 1\,A$ 时，输出电流 $i = 2\,A$；当 $i_S = 10\,A$ 时，输出电流 $i = 20\,A$；当 $i_S = 0.5\,A$ 时，输出电流 $i = 1\,A$。也就是说，输出与输入之间具有正比例关系，同时该比例系数仅由线性网络 N 的结构和元件参数所决定，是一个常数。该例中反映的响应与激励成正比的关系具有一定的普遍性，可将其总结为齐次定理。

齐次定理是指当线性电路中只有一个激励源作用时，其任意支路上的响应与激励均成正比。注意：此处激励源只能是独立源而非受控源。

例 2-9   如图 2-29 所示电路，当电压源电压 $u_S = 10\,V$ 时和 $u_S = 18\,V$ 时，求输出电流 i_o。

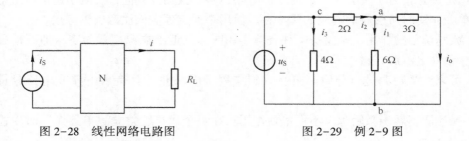

图 2-28 线性网络电路图   图 2-29 例 2-9 图

解：利用齐次定理求解。先假设电流 $i_o = 1\,A$，则

$$u_{ab} = 3\,V \quad i_1 = 0.5\,A \quad i_2 = i_1 + i_o = 1.5\,A$$

$$u_{cb} = 2i_2 + u_{ab} = 6\,V$$

因此，当输出电流 $i_o = 1\,A$ 时，电压源电压 $u_S = 6\,V$；当该电路实际电压源电压 $u_S = 10\,V$ 时，则输出电流 $i_o = 5/3\,A$。当实际电压源电压 $u_S = 18\,V$ 时，输出电流 $i_o = 3\,A$。

2.5.3 叠加定理

通过齐次定理，我们已经知道在单一激励源作用下线性电路的响应与激励间的关系了。那么在含有多个激励源的线性电路中，响应与激励的关系又如何呢？每个独立源对电路响应的贡献是多少？接下来以图 2-30 所示双激励源电路为例来进行探讨。

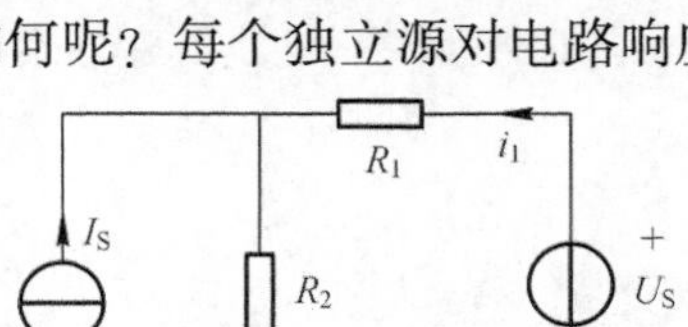

由两类约束可以得到如下方程：

$$R_1 i_1 + R_2 (i_1 + i_s) = U_S \qquad (2-7)$$

求解该方程可得

$$i_1 = \frac{1}{R_1 + R_2} U_S - \frac{R_2}{R_1 + R_2} I_S \qquad (2-8)$$

图 2-30 双激励源电路

式中，可以清晰地看到响应 i_1 与激励源 U_S 和 I_S 之间的关系。式中第一项是在 $I_S = 0$，即电压源 U_S 单独作用时在 R_1 上产生的电流，如图 2-31a 所示；式中第二项是在 $U_S = 0$，即电流源 I_S 单独作用时在 R_1 上产生的电流，如图 2-31b 所示。也就是说，电流 i_1 可以看为独立电压源 U_S 与独立电流源 I_S 分别单独作用时产生电流的代数和，即 $i_1 = i_1' + i_1''$。线性电路的响应与激励之间关系的这种规律，不仅对于本例，对所有具有唯一解的线性电路都具有这种特性，具有普遍意义，因此把线性电路的这种特性总结为叠加定理。

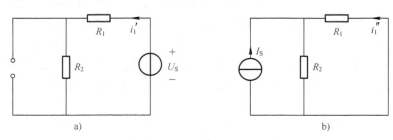

图 2-31　电压源、电流源分别单独作用电路

叠加定理是指对于具有唯一解的线性电路，多个激励源共同作用时引起的响应等于各个激励源单独作用时所引起的响应的代数和。使用叠加定理应该注意以下五点。

1）激励源单独作用，是指每个独立源作用时，其他独立源均置为零，即其他独立电压源短路，独立电流源开路。

2）可以对激励源进行分组，按组分别作用于电路并计算待求电流或电压分量，然后叠加。

3）受控源不属于激励源，不可单独作用。在每个或每组独立源单独作用时受控源都要保持不变。

4）叠加定理仅适用于线性电路，而不适用于非线性电路。

5）功率的计算不满足叠加性，因此不能使用叠加定理直接来计算功率。如需计算功率，需要先运用叠加定理计算该元件的电压和电流，再计算功率。

叠加定理的基本思想是"化整为零"，它将多个独立源作用的复杂电路分解为每一个（或每一组）独立源单独作用的较简单的电路，降低了分析电路的难度。而若电路中激励源的数目较多，采用叠加定理分析电路的计算量就会比较大。

例 2-10　利用叠加定理求图 2-32a 所示电路的电压 u_x。

解：根据叠加定理，首先分别画出两个独立源分别单独作用时的分解电路。

（1）当 3 A 电流源单独作用时，18 V 电压源被置零即短路，如图 2-32b 所示。可得

$$\left(3 - \frac{u_x'}{3}\right) \times 4 + 2u_x' = u_x'$$

解得 $u_x' = 36 \text{ V}$。

（2）当 18 V 电压源单独作用时，3 A 电流源被置零即开路，如图 2-32c 所示，可得

$$\frac{u_x''}{3} \times (3 + 4) = 2u_x'' + 18$$

解得 $u_x'' = 54 \text{ V}$。

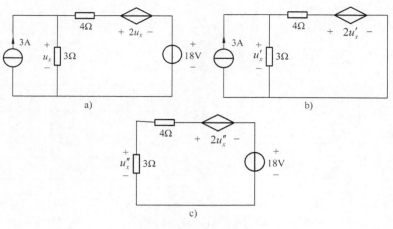

图 2-32　例 2-10 图

（3）故由叠加定理得

$$u_x = u'_x + u''_x = (36+54)\ \text{V} = 90\ \text{V}$$

例 2-11　电路如图 2-33a 所示，若开关 S 在位置"1"时，电流 $I = 3\ \text{A}$，则开关在位置"2"时，求电流 I。

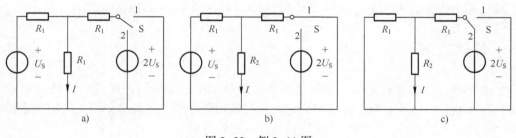

图 2-33　例 2-11 图

解：首先开关 S 在位置"1"时，如图 2-33b 所示，电压源 U_S 单独作用，产生的响应 $I_1 = 3\ \text{A}$。

当开关 S 在位置"2"时，且令电压源 $2U_S$ 单独作用，如图 2-33c 所示，由于该电路的对称性，则产生的响应 $I_2 = 6\ \text{A}$。

再由叠加定理，当开关在位置"2"时，电压源 U_S 和电压源 $2U_S$ 共同作用，产生的响应 $I = I_1 + I_2 = (3+6)\ \text{A} = 9\ \text{A}$。

例 2-12　电路如图 2-34a 所示，网络 N 为线性无源电阻网络，它的输入为 u_1、u_2 和 u_3，输出为 u_o，三次测试数据如图 2-34b 所示，单位为 V。若 u_1 为 10 V，u_2 为 2.5 V，u_3 为 5 V，求输出电压 u_o。

解：设仅有电压源 u_1 时产生的响应为 u_a，则 $u_a = au_1$。

设仅有电流源 u_2 时产生的响应为 u_b，则 $u_b = bu_2$。

设仅有电流源 u_3 时产生的响应为 u_c，则 $u_c = cu_3$。

则 $u_o = au_1 + bu_2 + cu_3$。将测试数据代入得

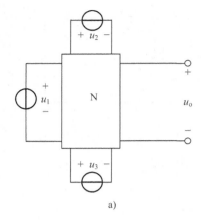

测试	u_1	u_2	u_3	u_o
1	0	0	5	1
2	0	5	5	4
3	5	5	5	6

a)   b)

图 2-34 例 2-12 图

$$\begin{cases} 5c=1 \\ 5b+5c=4 \\ 5a+5b+5c=6 \end{cases}$$

解得

$$a=0.4 \quad b=0.6 \quad c=0.2$$

则 u_1 为 10 V，u_2 为 2.5 V，u_3 为 5 V 时，$u=0.4u_1+0.6u_2+0.2u_3=6.5$ V。

2.6 替代定理

替代定理（又称置换定理）是集总参数电路理论中一个应用范围颇为广泛的定理，在下一节等效电源定理的证明中就要用到它。替代定理既适用于线性电路，又适用于非线性电路。它时常用于对电路进行简化，使电路易于分析和计算。

替代定理的内容为：如图 2-35a 所示，若已知单口网络 N_1 和 N_2 连接端口的电压为 u，电流为 i，那么其中的任意一个网络都可以用 "$u_S=u$" 的电压源替代，如图 2-35b 所示；也可用 "$i_S=i$" 的电流源替代，如图 2-35c 所示。替代后电路其他各处的电压、电流均保持原来的值。

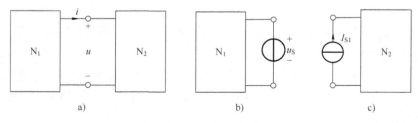

a)   b)   c)

图 2-35 替代定理

下面给出替代定理的实例。

例 2-13 如图 2-36a 所示电路，用网孔法可以求得 4 Ω 电阻上的电压 $u=5$ V，8 Ω 电阻上流过的电流 $i=1.25$ A。根据替代定理将 8 Ω 电阻用电流为 1.25 A 的电流源替代，如

图 2-36b 所示。计算 4 Ω 电阻上的电压 u。

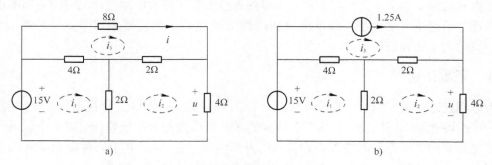

图 2-36   例 2-13 图

解：设网孔电流 i_1、i_2、i_3 如图 2-36b 所示，则所需方程组为

$$\begin{cases} (4+2)i_1 - 2i_2 - 4i_3 = 15 \\ (2+2+4)i_2 - 2i_1 - 2i_3 = 0 \\ i_3 = 1.25 \\ u = 4i_2 \end{cases}$$

联立求解得

$$\begin{cases} i_2 = 1.25 \text{ A} \\ u = 5 \text{ V} \end{cases}$$

故所求响应：$u = 5$ V，与图 2-36a 所示电路计算结果相同，电压保持不变。顺便指出，如果已知某条支路的电压为 u_x 和电流为 i_x，还可以用电阻 $R_x = u_x / i_x$ 对该支路进行替代。

最后，提醒大家注意："替代"与之前学习的"等效变换"是两个完全不同的概念，"替代"是用独立电压源或电流源替代已知电压或电流的支路，替代前后替代支路以外电路的拓扑结构和元件参数不能改变，若外电路发生了改变，替代支路的电压和电流也将发生变化，相应的替代电压源或电流源的幅值也要跟着改变；而等效变换是两个具有相同端口伏安特性的电路间的相互转换，与变换以外电路的拓扑结构和元件参数无关，即便外电路发生了改变，也不会对等效电路产生影响。

2.7   等效电源定理

在工程应用中电路的负载往往是可变的，比如电机调速、用电设备的接通和切断等。在求解负载上流过的电流时，如果用网孔法、节点法等方程法进行分析，负载每改变一次，就需要重新对电路列写和求解方程，过程烦琐。而等效分析法则通过把负载以外的部分看成是一个线性二端网络，通过对该网络的等效化简，使分析得到大大简化。在第 1 章曾介绍了二端网络的两种等效方法：伏安关系法和模型互换法。在使用端口伏安关系法时，也推导了一些等效的规律和公式，方便记忆和直接使用，但这些规律和公式只能在特殊的场合使用（如电阻混联、电压源串联、电流源并联等），一般情况下需要联立多个方程求解二端网络的端口伏安关系，过程较烦琐；而模型互换法仅限于有伴电源场合使用。

等效电源定理为线性二端网络的等效提供了另一种解决办法，而且是普遍适用的形式，这一定理在后续章节中多次运用，也是本章的重点内容。等效电源定理说明的是如何将一个有源线性二端网络（含电源、线性电阻和线性受控源的二端网络）等效成一个有伴电源，它包括戴维南定理和诺顿定理。

2.7.1 戴维南定理

戴维南定理由法国电信工程师戴维南（L. C. Thévenin）于1883年提出，定理的内容为：任何一个线性有源二端网络 N，如图2-37a 所示，可以用一个电压源和电阻的串联组合来等效，该电压源的电压等于网络 N 在端口处的开路电压 u_{oc}，电阻等于该有源二端网络中独立源置零（电压源短路，电流源开路）后的等效电阻 R_0，如图2-37b 所示。

图 2-37　戴维南等效电路

下面对戴维南定理进行证明。设一个线性二端网络 N 与任意一外电路 M 相连，如图2-38a 所示。当接外电路后，N 端口电压为 u，电流为 i。根据替代定理，可以用电流为 i 的电流源来替代外电路，如图2-38b 所示。

图 2-38　替代定理在戴维南定理证明的应用

接下来应用叠加定理推导出 N 端口的电压与电流的关系。对图2-39b 所示电路，将电源分为两组分别单独作用于电路。一组为电流源 i 不作用、由 N 中全部独立源作用，如图2-39a 所示；另一组为电流源 i 单独作用、而 N 中全部独立源不作用，如图2-39b 所示。其中图2-39a 所示电路中，端口电压即为二端网络 N 的开路电压，即有 U_{oc}；而图2-39b 电路中，内部独立源置零后的 N 变为 N_0，即线性无源二端网络，因此它可以等效为电阻 R_0，此时其端口电压为 $-R_0i$。根据叠加定理，端口电压 u 为

$$u = U_{oc} - R_0 i$$

该 N 端口电压与电流关系对应的电路模型即为戴维南等效电路，如图2-39c 所示。定理得到证明。

下面将戴维南定理分析电路的基本步骤归纳如下。

1）断开待求支路或网络，求出待求支路以外有源二端网络的开路电压 U_{oc}；

2）将二端网络内所有独立源置零（电压源短路，电流源开路），求等效电阻 R_0。

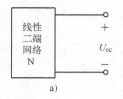
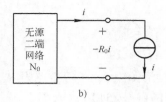
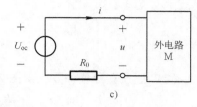

图 2-39 叠加定理在戴维南定理证明的应用图

3）将待求支路或网络接入戴维南等效电路，求取响应。

在求解过程中，开路电压的求解可用之前学习的两类约束、方程法等，而对等效电阻的求解，需要考虑以下三种情况。

1）二端网络内不含受控源，当网络内所有独立源置零后，仅剩下电阻元件，则可利用电阻串并联和丫-△变换等规律和公式进行计算。

2）二端网络内含有受控源，当网络内所有独立源置零时，受控源必须保留。根据齐次定理，若在线性无源二端网络端口处外加一个电压为 u 的电压源，则有 $u = R_0 i$，通过计算相应的电流即可得到 $R_0 = u/i$，这种方法称为加压求流法。当然也可以采用加电流为 i 的电流源，然后计算端口的电压值，这种方法就称为加流求压法。

3）二端网络内部结构和元件参数不明，但端口的开路电压 U_{oc} 和短路电流 I_{sc} 已得，如图 2-40 所示，于是等效电阻 $R_0 = U_{oc}/I_{sc}$。这种方法也可用于前两种情况，但要注意在求解开路电压和短路电流时二端网络 N 内部的独立源不能置零。

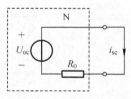

图 2-40 开路短路法求 R_0

例 2-14 用戴维南等效定理求电路图 2-41a 中的负载电阻电压 u_o。

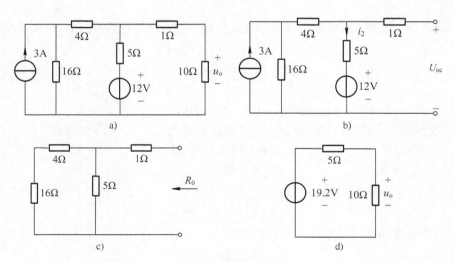

图 2-41 例 2-14 图

解：（1）断开负载 $10\,\Omega$ 电阻，如图 2-41b 所示，求开路电压 U_{oc}：

$$\begin{cases} (4+5) \times i_2 + 12 = 16 \times (3 - i_2) \\ U_{oc} = 5i_2 + 12 \end{cases}$$

解得

$$\begin{cases} i_2 = 1.44\,A \\ U_{oc} = 19.2\,V \end{cases}$$

（2）把独立源置为零，得图 2-41c 所示电路，求等效电阻 R_0：

$$R_0 = [\,(16+4)//5+1\,]\,\Omega = 5\,\Omega$$

（3）接上负载，原电路可简化为图 2-41d 所示。

由分压公式可得

$$u_o = 19.2 \times \frac{10}{10+5}\,V = 12.8\,V$$

例 2-15 电路如图 2-42 所示，试求负载 R_L 流过的电流 i_L。

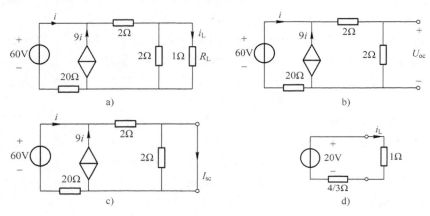

图 2-42 例 2-15 图

解：（1）断开负载 1 Ω 电阻，如图 2-42b 所示。先求端口开路电压 U_{oc}，由两类约束可得

$$\begin{cases} 20i + (2+2)(i+9i) = 60 \\ U_{oc} = 2 \times (i+9i) \end{cases}$$

可得

$$i = 1\,A \qquad U_{oc} = 20\,V$$

（2）短接端口，如图 2-42c 所示。再求端口短路电压 I_{sc}，由两类约束可得

$$\begin{cases} 20i + 2(i+9i) = 60 \\ I_{sc} = i + 9i \end{cases}$$

可得

$$i = 1.5\,A \qquad I_{sc} = 15\,A$$

（3）用开路短路法求戴维南等效内阻 R_0：

$$R_0 = \frac{U_{oc}}{I_{sc}} = \frac{20}{15}\,\Omega = \frac{4}{3}\,\Omega$$

（4）作出戴维南等效电路后，再将负载接上，如图 2-42d 所示。求得负载电流 i_L 为

$$i_L = \frac{U_{oc}}{R_0 + R_L} = \frac{20}{\left(\dfrac{4}{3}+1\right)}\,A = \frac{60}{7}\,A$$

2.7.2　诺顿定理

1926 年，在戴维南定理公布 43 年之后，贝尔电话实验室的一名美国工程师诺顿（E. L. Norton）也提出了类似的定理——诺顿定理。诺顿定理的内容为：任何一个线性有源二端网络 N，如图 2-43a 所示，可以用一个电流源和电导的并联组合来等效，该电流源的电流等于网络 N 在端口处的短路电流 i_{sc}，电导等于该有源二端网络中独立源置零（电压源短路，电流源开路）后的等效电导 G_0，如图 2-43b 所示。

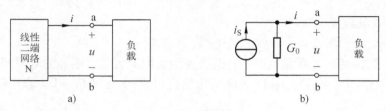

图 2-43　诺顿等效电路

下面对诺顿定理进行证明。设一个线性二端网络 N 与任意一外电路 M 相连，如图 2-44a 所示。当接外电路后，N 端口电压为 u，电流为 i。根据替代定理，可以用电压为 u 的电压源来替代外电路，如图 2-44b 所示。

图 2-44　替代定理应用于诺顿定理证明

接下来应用叠加定理推导出 N 端口的电压与电流的关系。对图 2-44b 所示电路，将电源分为两组分别单独作用于电路。一组为电压源 u 不作用、由 N 中全部独立源作用，如图 2-45a 所示；另一组为电流源 i 单独作用、而 N 中全部独立源不作用，如图 2-45b 所示。其中图 2-45a 所示电路中，端口电流即为二端网络 N 的短路电流，即有 i_{sc}；而图 2-45b 所示电路中，内部独立源置零后的 N 变为 N_0，即线性无源二端网络，它可以等效为电阻 G_0，此时其端口电压为 $-G_0u$。根据叠加定理，端口电流 i 为

$$i = I_{SC} - G_0 u$$

该 N 端口电压与电流关系对应的电路模型即为诺顿等效电路，如图 2-45c 所示。定理得到证明。

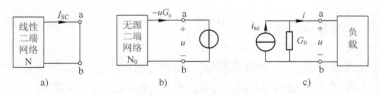

图 2-45　叠加定理应用于诺顿定理证明

前面采用与戴维南定理类似的方法证明了诺顿定理，而由于戴维南等效电路与诺顿等效电路均为有源二端网络的等效电路，它们互为等效，因此也可以通过有伴电源互换来相互推导。不难发现，戴维南电路中等效电阻 R_0 和诺顿电路中等效电导 G_0 为同一等效电阻，两者互为倒数，因此求解 G_0 的求法和 R_0 相同。

诺顿定理分析电路的基本步骤和戴维南定理类似，归纳如下。

1）断开待求支路或网络，将待求支路以外有源二端网络的端口短路，求从端点 a 流向端点 b 的短路电流 i_{sc}。

2）将二端网络内所有独立源置零（电压源开路，电流源短路），求该二端网络的等效电导 G_0（或等效电阻 R_0）。

3）将待求支路或网络接入诺顿等效电路，求取响应。

例 2-16 图 2-46a、b 所示电路中，网络 N 为相同的含独立电源的电阻网络。在图 2-4a 中测得 ab 两端电压 $U_{ab} = 30\text{ V}$，在图 2-46b 中测得 ab 两点电压 $U_{ab} = 0$，求网络 N 中 ab 端的最简等效电路。

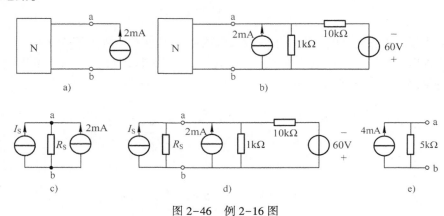

图 2-46 例 2-16 图

解： 由于本题二端网络 N 以外电路为并联结构，考虑将二端网络 N 用诺顿等效电路进行等效，方便分析，图 2-46a、b 等效后电路分别如图 2-46c、d 所示。

在图 2-46c 中，由 $U_{ab} = 30$ 可得

$$(I_S + 2)R_S = 30$$

在图 2-46d 中，由 $U_{ab} = 0$ 可得

$$(I_S + 2) \times 10 = -60$$

两式联立，可求得

$$I_S = 4\text{ mA} \quad R_S = 5\text{ k}\Omega$$

则网络 N 中 ab 端的最简等效电路如图 2-46e 所示。

2.8 最大功率传输定理

很多实际电路的功能是给负载提供能量，例如在通信电路中，希望能够给负载传输最大的功率。给定一个线性含源单口网络 N，如图 2-47a 所示，设负载阻抗为 R_L，且阻值可调，则在什么条件下，负载能够得到最大的功率呢？本节将讨论负载最大功率传输问题，推导最

大功率传输条件及负载功率的最大值。

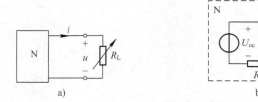

图 2-47　最大功率传输问题

线性含源单口网络 N 可以用戴维南等效电路进行等效，如图 2-47b 所示，则可以计算出流过负载的电流为

$$i = \frac{u_{oc}}{R_0 + R_L} \tag{2-9}$$

则进一步可以计算出负载 R_L 消耗的功率为

$$
\begin{aligned}
p_L &= i^2 R_L = \left(\frac{u_{oc}}{R_0 + R_L}\right)^2 R_L \\
&= \frac{u_{oc}^2}{\dfrac{R_0^2}{R_L} + 2R_0 + R_L} \\
&= \frac{u_{oc}^2}{\left(\dfrac{R_0}{\sqrt{R_L}} + \sqrt{R_L}\right)^2}
\end{aligned} \tag{2-10}
$$

式（2-10）分母最小时，负载 R_L 功率可达到最大值，由此可得

$$R_0 = R_L \tag{2-11}$$

式（2-11）称为最大功率传输条件。因此线性含源单口网络传递给可变负载功率最大的条件为负载 R_L 应与戴维南（诺顿）等效电阻相等。将式（2-11）代入式（2-10）可得，此时负载上获得的最大功率为

$$p_{Lmax} = \frac{u_{oc}^2}{4R_0} \tag{2-12}$$

需要注意两点：一是在负载传输最大功率时，单口网络内部的功率损耗可能大于或等于传输给负载的功率，也就是说传输功率最大并非是传输效率最高；二是最大功率传输问题建立在负载 R_L 可变，而单口网络等效电阻 R_0 固定的前提下，若 R_0 可变，则应使得 $R_0 = 0$ 时，负载可以获得最大的传输功率。

例 2-17　电路如图 2-48a 所示，试求当负载 R_L 为何值时可获得最大功率，并求最大功率的值。

解：（1）断开负载，如图 2-48b 所示。先求 ab 端口开路电压 U_{oc}，采用网孔法，设网孔电流 i_1 和 i_2 同为逆时针方向绕行，则可列写网孔方程如下：

$$
\begin{cases}
(4+4+4)i_1 - 4i_2 = -U_1 \\
(4+4)i_2 - 4i_1 = 20 - 100 \\
U_1 = -4i_2
\end{cases}
$$

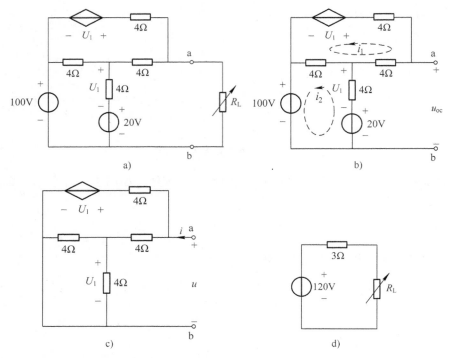

图 2-48　例 2-17 图

可得

$$i_1 = -10\,\text{A} \qquad i_2 = -15\,\text{A}$$

则可求得

$$U_{oc} = -4i_1 - 4i_2 + 20 = 120\,\text{V}$$

（2）采用加压求流法求戴维南等效电阻 R_0，内部独立源置零，如图 2-48c 所示。由两类约束可得

$$\begin{cases} \dfrac{U_1}{4//4} \times 4 + U_1 = u \\[2mm] i = \dfrac{u - U_1}{4} + \dfrac{U_1}{4//4} \end{cases}$$

化简上式为

$$\begin{cases} u = 3U_1 \\ i = U_1 \end{cases}$$

则戴维南等效电阻 R_0 为

$$R_0 = \frac{u}{i} = 3\,\Omega$$

（3）作出戴维南等效电路后，再将负载接上，如图 2-48d 所示。根据最大功率传输定理，当 $R_L = R_0 = 3\,\Omega$ 时，负载 R_L 上可以获得最大的传输功率 $P_{\max}$ 为

$$P_{\max} = \frac{U_{oc}^2}{4R_0} = \frac{120^2}{4 \times 3}\,\text{W} = 1200\,\text{W}$$

例 2-18　电路如图 2-49a 所示，已知当 $R_L = 10\,\Omega$ 时，其消耗的功率为 22.5 W；当 $R_L = 20\,\Omega$ 时，其消耗的功率为 20 W。求负载 R_L 为何值时它所消耗的功率为最大，并求最大功率的值。

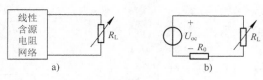

图 2-49　例 2-18 图

解：设该线性含源电阻网络戴维南等效电路如图 2-49b 所示，则有

$$\begin{cases} \left(\dfrac{U_{oc}}{R_0+10}\right)^2 \times 10 = 22.5 \\ \left(\dfrac{U_{oc}}{R_0+20}\right)^2 \times 20 = 20 \end{cases}$$

则有

$$\begin{cases} U_{oc} = 30\,\text{V} \\ R_0 = 10\,\Omega \end{cases}$$

根据最大功率传输定理，当 $R_L = R_0 = 10\,\Omega$ 时消耗功率最大，最大的传输功率 P_{max} 为

$$P_{max} = \frac{U_{oc}^2}{4R_0} = \frac{30^2}{4 \times 10}\,\text{W} = 22.5\,\text{W}$$

习题

2-1　电路如题 2-1 图所示，请写出图中所有的树。

2-2　电路如题 2-1 图所示，若以（1，2，3）为树，请写出所有基本回路。再以（1，4，6）为树，请写出所有基本回路。

2-3　电路如题 2-1 图所示，若以（1，2，3）为树，请写出所有基本割集。若再以（1，4，6）为树，请写出所有基本割集。

2-4　用支路电流法求题 2-4 图所示电路的电流 i。

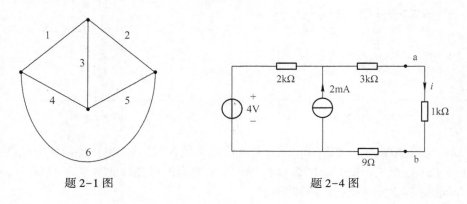

题 2-1 图　　　　　　　　题 2-4 图

2-5　用网孔法求题2-4图所示电路的电流i。

2-6　电路如题2-6图所示。

（1）求电流i_a。

（2）求各独立源及受控源的功率。

2-7　电路如题2-7图所示，求电流i。

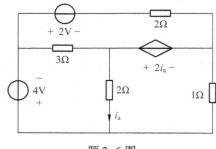 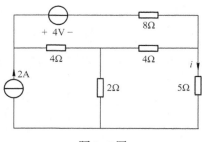

题2-6图　　　　　　　　　　　题2-7图

2-8　电路如题2-8图所示，求图中的u和i。

2-9　电路如题2-9图所示，已知$U=4\,\text{V}$，求R值。

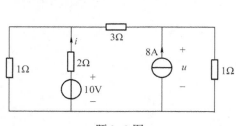 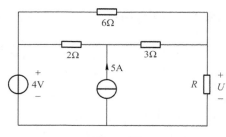

题2-8图　　　　　　　　　　　题2-9图

2-10　电路如题2-10图所示，求U_1、U_2、U_3的值。

2-11　电路如题2-11图所示，求电流源端电压u和电压源的电流i。

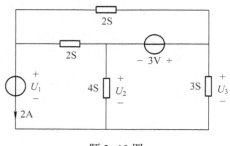 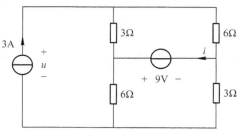

题2-10图　　　　　　　　　　　题2-11图

2-12　电路如题2-12图所示，当2A电流源未接入时，3A电流源向网络提供的功率为54W，$u_2=12\,\text{V}$；当3A电流源未接入时，2A电流源向网络提供的功率为28W，$u_3=8\,\text{V}$；求两电流源同时接入时，各电流源的功率。

2-13　如题 2-13 图所示，其中 N 为含源线性电阻网络，当 $I_{S1}=0$，$I_{S2}=0$ 时，$U_x=-20\,\text{V}$；当 $I_{S1}=8\,\text{A}$，$I_{S2}=12\,\text{A}$ 时，$U_x=80\,\text{V}$；当 $I_{S1}=-8\,\text{A}$，$I_{S2}=4\,\text{A}$ 时，$U_x=0\,\text{V}$。求 $I_{S1}=I_{S2}=20\,\text{A}$ 时，求 U_x。

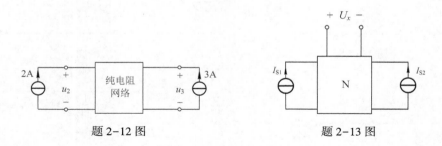

题 2-12 图　　　　　　　　题 2-13 图

2-14　电路如题 2-14 图所示，N 为不含独立源的线性电路，独立源 u_S、i_{S1}、i_{S2} 的数值一定。当电压源 u_S 和电流源 i_{S1} 反向时（i_{S2} 不变），电流 i 是原来的 0.5 倍；当 u_S 和 i_{S2} 反向时（i_{S1} 不变），电流 i 是原来的 0.3 倍；如果仅 u_S 反向而 i_{S1}、i_{S2} 均不变，电流 i 是原来的多少倍？

2-15　电路如题 2-11 图所示，用叠加定理求解电流源端电压 u 和电压源的电流 i。

2-16　电路如题 2-16 图所示。

（1）求题 2-16 图所示电路 ab 端的戴维南等效电路或诺顿等效电路。

（2）当 ab 端接可调电阻 R_L 时，问其为何值时能获得最大功率？此最大功率是多少？

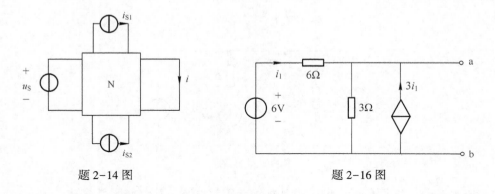

题 2-14 图　　　　　　　　题 2-16 图

2-17　如题 2-17 图所示，用电压表测量直流电路中某条支路的电压。当电压表的内阻为 $20\,\text{k}\Omega$ 时，电压表的读数为 $5\,\text{V}$；当电压表的内阻为 $50\,\text{k}\Omega$ 时，电压表的读数为 $10\,\text{V}$。问该支路的实际电压为多少？

2-18　求题 2-18 图所示电路的戴维南等效电路。

2-19　如题 2-19 图所示电路中，可调电阻 R_L 调为何值时可获得最大功率？最大功率为多少？

2-20　在题 2-20 图 a 电路中，测得 $U_2=12.5\,\text{V}$，若将 A、B 两点短路，如题 2-20 图 b 所示，短路线电流为 $I=10\,\text{mA}$，试求网络 N 的戴维南等效电路。

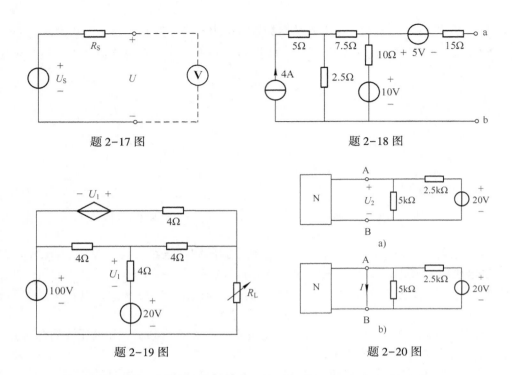

题 2-17 图   题 2-18 图

题 2-19 图   题 2-20 图

2-21 如题 2-21 图所示电路,求电压 u、电流 i 和电压源产生的功率。

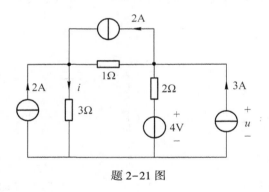

题 2-21 图

2-22 如题 2-22 图所示电路,求其戴维南等效电路,并解释所得结果。

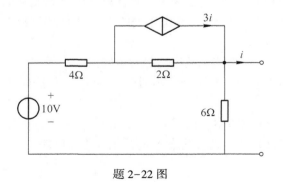

题 2-22 图

2-23 如题 2-23 图所示电路，求其诺顿等效电路，并解释所得结果。

2-24 欲使用如题 2-24 图所示测试电路测量某二端网络 N 的等效内阻 R_0，当开关打到 1 位置时，测得电压表读数为 u_{oc}，当开关位置打到 2 位置时，测得电压表读数为 u_1，则二端网络 N 的等效内阻 R_0 为多少？

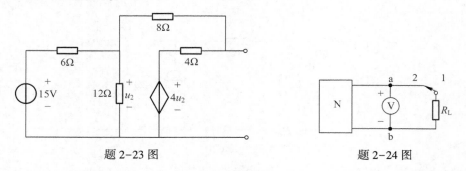

题 2-23 图　　　　　　　　　题 2-24 图

2-25 如题 2-25 图所示电路，求 ab 端需要外接多大的电阻才可以使得电阻从电路获得最大的传输功率？该最大功率为多少？

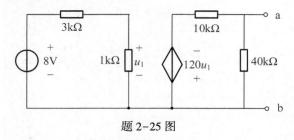

题 2-25 图

2-26 欲测量某二端网络在端口处的戴维南等效电路，当外接电阻为 $10\,\text{k}\Omega$ 时，可测得端口电压为 $6\,\text{V}$，当外接电阻为 $30\,\text{k}\Omega$ 时，可测得端口电压为 $12\,\text{V}$。试确定该二端网络的戴维南等效电路，当端口外接电阻为 $20\,\text{k}\Omega$ 时的端口电压为多少？

2-27 某装有线性电路的黑箱子与一可变电阻 R 相连，利用理想电压表和理想电流表测量该黑匣子的端口电压和电流。当可变电阻 $R=2\,\Omega$ 时，电压表读数为 $3\,\text{V}$，电流表读数为 $1.5\,\text{A}$；当可变电阻 $R=8\,\Omega$ 时，电压表读数为 $8\,\text{V}$，电流表读数为 $1\,\text{A}$；当可变电阻 $R=14\,\Omega$ 时，电压表读数为 $10.5\,\text{V}$，电流表读数为 $0.75\,\text{A}$。求可变电阻 $R=4\,\Omega$ 时，电流表读数为多少？并确定可以从黑箱子获得的最大传输功率为多少？

2-28 如题 2-28 图所示电路，试确定负载上获得最大的传输功率为 $3\,\text{mW}$ 时电阻 R 的阻值。

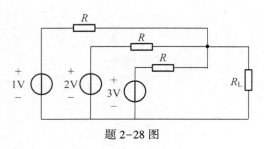

题 2-28 图

2-29　如题2-29图所示电路，试确定从如下端口看进去的诺顿等效电路：

（1）从 a、b 端口看进去

（2）从 c、d 端口看进去。

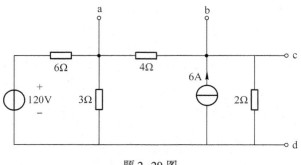

题 2-29 图

2-30　如题2-30图所示电路，当改变电阻 R 数值时，电路中所有支路的电压和电流都随之改变，当 $I=2\,A$ 时，$U=40\,V$；当 $I=4\,A$ 时，$U=60\,V$。当 $I=3\,A$ 时，U 为多少？

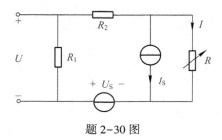

题 2-30 图

第3章　动态电路时域分析

在前两章中，我们主要讨论了直流电阻电路的分析方法。电阻电路主要包括电源元件和电阻元件，所建立的电路方程是代数方程。电阻电路还具有"即时性"的特点，即任一时刻的响应只与当前时刻的激励有关。但是大量的实际电路中并非只有电阻元件，还包括电容元件和电感元件。与电阻元件不同，电容元件和电感元件的端口电压电流关系是微积分关系，因而又称为动态元件，含有动态元件的电路称为动态电路。本章主要介绍动态电路的分析方法。

3.1　动态元件

3.1.1　电容元件

电容器是一种储存电能的电子元件。电容器最简单的构造就是两块平行的金属极板，中间用绝缘的电介质隔开，如图3-1所示。当外电源作用于电容时，会引起电荷从一个金属极板移动到另一个金属极板，从而在金属极板上聚集等量的异性电荷，称为对电容进行充电。当电容两个极板间的电压等于电源电压时，电荷停止移动，电容充电结束。此时，断开外电源，电容器两个极板上储存的电荷就能长久地保持下去。每个电容器都有一个额定电压，即两个金属极板之间电压的最大值，也称为工作电压，超过额定电压将会造成电容损坏。根据不同的电介质填充材料，电容器可以分为云母电容器、陶瓷电容器、塑料膜电容器和电解电容器等。

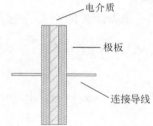

图3-1　基本电容器结构图

在电路理论中，电容元件是实际电容器的理想化模型，其电路模型如图3-2所示。电容量是电容器的主要参数，反映了电容器储存电荷的能力，用符号 C 表示。单位电压下电容器储存的电荷越多，电容器的电容就越大，定义如下：

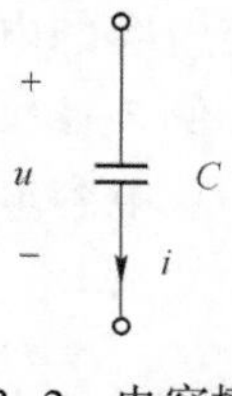

$$C = \frac{q}{u} \qquad (3-1)$$

图3-2　电容模型

式中，电容量 C 为正值常数，单位是法拉，简称法，记为 F，常用的单位还有微法（μF）和皮法（pF）。

当电容电压 u 发生变化时，会引起电极板上的电荷发生变化，形成电容电流，在电压和电流关联参考方向下，电容的伏安关系为

$$i = \frac{\mathrm{d}q}{\mathrm{d}t} = C\frac{\mathrm{d}u}{\mathrm{d}t} \qquad (3-2)$$

当电压和电流非关联参考方向时，则

$$i = -C \frac{\mathrm{d}u}{\mathrm{d}t} \tag{3-3}$$

式（3-2）表明，任何时刻的电容电流 i 取决于该时刻电容电压的变化率。电容电压变化越快，电容电流越大。电容电压变化越慢，电容电流越小。当电容电压不变化时，电容电流为零，此时虽然有电容电压，但是电容电压的变化率为零，所以电容电流为零。

电容的伏安关系也可以写成积分形式：

$$u(t) = \frac{1}{C} \int_{-\infty}^{t} i(\xi) \mathrm{d}\xi = \frac{1}{C} \int_{-\infty}^{t_0} i(\xi) \mathrm{d}\xi + \frac{1}{C} \int_{t_0}^{t} i(\xi) \mathrm{d}\xi = u(t_0) + \frac{1}{C} \int_{t_0}^{t} i(\xi) \mathrm{d}\xi \tag{3-4}$$

式（3-4）表明，t 时刻的电容电压值取决于 $-\infty$ 到 t 时刻所有的电流值，并不仅仅取决于 t 时刻的电流值，即电容电压 u 与电容电流的全部历史有关，称为电容电压具有"记忆"电流的性质。式（3-4）中，$u(t_0)$ 表示 t_0 时刻的电容电压值，如果知道 $u(t_0)$ 以及 t_0 时刻后的电流 $i(t)$，也能够求出 $t \geqslant t_0$ 时的电容电压 $u(t)$。

根据功率的定义，在电容电压和电容电流关联参考方向下，电容的瞬时功率可由下式计算：

$$p = ui = Cu \frac{\mathrm{d}u}{\mathrm{d}t} \tag{3-5}$$

当 $p > 0$ 时，表示电容吸收功率，电容被充电；当 $p < 0$ 时，表示电容释放功率，电容放电。

根据能量的定义，电容吸收的能量可由下式计算：

$$w_{\mathrm{C}}(t) = \int_{-\infty}^{t} p \mathrm{d}\xi = \int_{-\infty}^{t} Cu(\xi) \frac{\mathrm{d}u(\xi)}{\mathrm{d}\xi} \mathrm{d}\xi = \int_{u(-\infty)}^{u(t)} Cu(\xi) \mathrm{d}u(\xi) = \frac{1}{2} Cu^2(t) - \frac{1}{2} Cu^2(-\infty) \tag{3-6}$$

设 $u(-\infty) = 0$，电容吸收的能量等于电容储存的能量，则电容的储能公式为

$$w_{\mathrm{C}}(t) = \frac{1}{2} Cu^2(t) \tag{3-7}$$

式（3-7）表明电容储能的大小只取决于该时刻的电容电压，与经历过的电压值无关，也与电容的电流无关。因此电容是储存电场能的元件，电容电压反映了电容的储能情况。

例 3-1 已知电容电压和电流关联参考方向，电容 $C = 1\mathrm{F}$，电容电压 $u(t)$ 如图 3-3a 所示，求电容电流 $i(t)$ 及并作出其波形图。

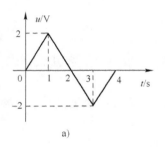
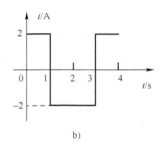

图 3-3 例 3-1 图

解：根据电容的伏安关系，按时间分段计算。

$$t=0\sim 1\,\text{s}:i(t)=C\frac{\text{d}u(t)}{\text{d}t}=\frac{\text{d}(2t)}{\text{d}t}=2\,\text{A}$$

$$t=1\sim 3\,\text{s}:i(t)=C\frac{\text{d}u(t)}{\text{d}t}=\frac{\text{d}(-2t+4)}{\text{d}t}=-2\,\text{A}$$

$$t=3\sim 4\,\text{s}:i(t)=C\frac{\text{d}u(t)}{\text{d}t}=\frac{\text{d}(2t-8)}{\text{d}t}=2\,\text{A}$$

作出电流波形图如图 3-3b 所示。

  例 3-2 已知电容电压和电流关联参考方向，电容 $C=1\,\text{F}$，电容电压 $u(0)=0$，电容电流 $i(t)$ 如图 3-4a 所示，求电容电压 $u(t)$ 并作出波形。

  解：根据电容的伏安关系，分段计算。

当 $t=0\sim 1\,\text{s}$ 时有

$$u(t)=u(0)+\frac{1}{C}\int_0^t i(\xi)\,\text{d}\xi=0+\int_0^t \xi\,\text{d}\xi=\frac{1}{2}t^2$$

$$u(1)=\frac{1}{2}\,\text{V}$$

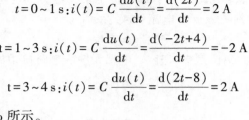

当 $t=1\sim 3\,\text{s}$ 时有

$$u(t)=u(1)+\int_1^t(-\xi+2)\,\text{d}\xi=-\frac{1}{2}t^2+2t-1$$

$$u(2)=1\,\text{V}\quad u(3)=\frac{1}{2}\,\text{V}$$

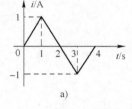

当 $t=3\sim 4\,\text{s}$ 时有

$$u(t)=u(3)+\int_3^t(\xi-4)\,\text{d}\xi=\frac{1}{2}t^2-4t+8$$

$$u(4)=0$$

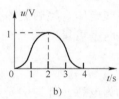

图 3-4 例 3-2 图

作出电流波形图如图 3-4b 所示。

3.1.2 电感元件

  电感器是一种储存磁场能的电子元件。用一根导线绕成一个空心或磁心的线圈就构成一个简单的电感器，如图 3-5 所示。当电流流过线圈时，会在线圈内部和周围产生磁场。

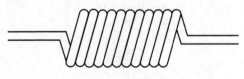

图 3-5 电感线圈

  电感元件是电感器的理想化模型。电感元件可定义为：一个二端元件，如果在任一时刻，通过它的电流 i 与它的磁链 ψ 之间的关系能用 $\psi\sim i$ 平面上的一条曲线所确定，则此二端元件称为电感元件。如果电感元件在 $\psi\sim i$ 平面上的曲线是一条通过原点的直线，且不随时

间变化，则称为线性时不变电感元件，如图 3-6a 所示，本书只讨论线性时不变电感元件。当磁链 ψ 与电流 i 采用关联参考方向时，即磁链 ψ 的参考方向与电流 i 的参考方向符合右手螺旋法则时，则在任一时刻磁链 ψ 与电流 i 的关系为

$$\psi = Li \tag{3-8}$$

式中，L 称为元件的电感，单位是亨（H）。电感元件的电路模型如图 3-6b 所示。

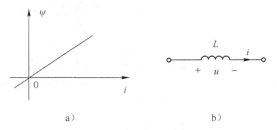

图 3-6　线性时不变电感元件

由式（3-8）可知，当电感电流变化时，磁链也会相应发生变化，从而在电感两端产生感应电压。当磁链的参考方向与电流的参考方向符合右手螺旋法则、电压与电流参考方向关联时，可得

$$u = \frac{\mathrm{d}\psi}{\mathrm{d}t} = L\frac{\mathrm{d}i}{\mathrm{d}t} \tag{3-9}$$

称为电感元件的伏安关系。

式（3-9）表明，电感电压与电感电流的变化率成正比。当电感电流不变化时，此时虽然有电感电流但电感电压 $u=0$，电感元件相当于短路。

当电压和电流非关联参考方向时，则

$$u = -L\frac{\mathrm{d}i}{\mathrm{d}t} \tag{3-10}$$

如果用电感电压来电感电流表示，可以将式（3-9）写成积分形式：

$$i(t) = \frac{1}{L}\int_{-\infty}^{t} u(\xi)\mathrm{d}\xi = \frac{1}{L}\int_{-\infty}^{t_0} u(\xi)\mathrm{d}\xi + \frac{1}{L}\int_{t_0}^{t} u(\xi)\mathrm{d}\xi = i(t_0) + \frac{1}{L}\int_{t_0}^{t} u(\xi)\mathrm{d}\xi \tag{3-11}$$

式（3-11）表明，t 时刻的电感电流取决于 $-\infty$ 到 t 时刻所有的电压值，即电感电流 i 与电感电压的全部历史有关，称为电感电流具有"记忆"电压的性质。式中，$i(t_0)$ 表示 t_0 时刻的电感电流值，如果知道 $i(t_0)$ 以及 t_0 时刻后的电压 $u(t)$，也能够求出 $t \geqslant t_0$ 时的电感电流 $i(t)$。

根据功率的定义，在电感电压和电感电流关联参考方向下，电感的瞬时功率可由下式计算：

$$p = ui = Li\frac{\mathrm{d}i}{\mathrm{d}t} \tag{3-12}$$

当 $p>0$ 时，表示电感吸收功率；当 $p<0$ 时，表示电感释放功率。

根据能量的定义，电感吸收的能量可由下式计算：

$$w_{\mathrm{L}}(t) = \int_{-\infty}^{t} p\mathrm{d}\xi = \int_{-\infty}^{t} Li(\xi)\frac{\mathrm{d}i(\xi)}{\mathrm{d}\xi}\mathrm{d}\xi = \int_{i(-\infty)}^{i(t)} Li(\xi)\mathrm{d}i(\xi) = \frac{1}{2}Li^2(t) - \frac{1}{2}Li^2(-\infty)$$

$$\tag{3-13}$$

设 $i(-\infty) = 0$，则电感吸收的能量为

$$w_L(t) = \frac{1}{2}Li^2(t) \tag{3-14}$$

式（3-14）表明电感储能的大小只取决于该时刻的电感电流，与经历过的电流值无关，也与电感的电压无关。因此电感是储存磁场能的元件，电感电流反映了电感的储能情况。

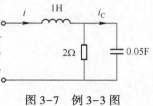

例 3-3　电路如图 3-7 所示，已知 $i_C(t) = e^{-2t}$ A $(t \geqslant 0)$，$u_C(0_-) = 2$ V，求 $t \geqslant 0$ 时的电压 $u(t)$。

图 3-7　例 3-3 图

解：设电感电压 $u_L(t)$、电容电压 $u_C(t)$，参考方向分别与 i、i_C 参考方向关联。根据电容元件伏安关系的积分形式，求得

$$u_C(t) = u_C(0_-) + \frac{1}{C}\int_{0_-}^{t} i_C(\xi)\mathrm{d}\xi = 2 + \frac{1}{0.05}\int_{0_-}^{t} e^{-2\xi}\mathrm{d}\xi = (12 - 10e^{-2t})\ \text{V}$$

由 KCL，端口电流 i 应由电阻电流和电容电流求得，即

$$i(t) = \frac{u_C(t)}{2} + i_C(t) = 6 - 5e^{-2t} + e^{-2t} = (6 - 4e^{-2t})\ \text{A}$$

由电感元件伏安关系，计算电感电压为

$$u_L(t) = L\frac{\mathrm{d}i(t)}{\mathrm{d}t} = 1 \times 8e^{-2t}\ \text{V} = 8e^{-2t}\ \text{V}$$

最后由 KVL，求得端口电压为

$$u(t) = u_L(t) + u_C(t) = 12 - 2e^{-2t}\ \text{V} \quad t \geqslant 0$$

3.1.3　电容、电感的串联和并联

利用等效的概念可以证明，电容的串并联可以等效为一个电容，电感的串并联可以等效为一个电感。

图 3-8a 是 n 个电容的串联电路，根据电容的伏安关系，有

$$u_1 = \frac{1}{C_1}\int_{-\infty}^{t} i(\xi)\mathrm{d}\xi \quad u_2 = \frac{1}{C_2}\int_{-\infty}^{t} i(\xi)\mathrm{d}\xi, \cdots, u_n = \frac{1}{C_n}\int_{-\infty}^{t} i(\xi)\mathrm{d}\xi$$

则图 3-8a 所示电路的端口伏安关系为

$$u = u_1 + u_2 + \cdots + u_n = \left(\frac{1}{C_1} + \frac{1}{C_2} + \cdots + \frac{1}{C_n}\right)\int_{-\infty}^{t} i(\xi)\mathrm{d}\xi$$

而图 3-8b 所示电路的端口伏安关系为

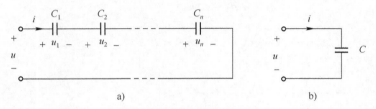

图 3-8　电容串联电路

$$u = \frac{1}{C} \int_{-\infty}^{t} i(\xi) \, \mathrm{d}\xi$$

根据等效概念，等效电路具有相同的端口伏安关系，则

$$\frac{1}{C} = \left(\frac{1}{C_1} + \frac{1}{C_2} + \cdots + \frac{1}{C_n} \right)$$

图 3-9a 是 n 个电容的并联电路，根据电容的伏安关系，有

$$i_1 = C_1 \frac{\mathrm{d}u}{\mathrm{d}t}, i_2 = C_2 \frac{\mathrm{d}u}{\mathrm{d}t}, \cdots, i_n = C_n \frac{\mathrm{d}u}{\mathrm{d}t}$$

则图 3-9a 所示电路的端口伏安关系为

$$i = i_1 + i_2 + \cdots + i_n = (C_1 + C_2 + \cdots + C_n) \frac{\mathrm{d}u}{\mathrm{d}t}$$

而图 3-9b 所示电路的端口伏安关系为

$$i = C \frac{\mathrm{d}u}{\mathrm{d}t}$$

根据等效概念，等效电路具有相同的端口伏安关系，则

$$C = C_1 + C_2 + \cdots + C_n$$

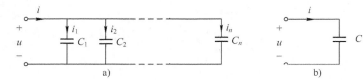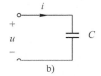

图 3-9　电容并联电路

图 3-10a 是 n 个电感的串联电路，根据电感的伏安关系，有

$$u_1 = L_1 \frac{\mathrm{d}i}{\mathrm{d}t}, u_2 = L_2 \frac{\mathrm{d}i}{\mathrm{d}t}, \cdots, u_n = L_n \frac{\mathrm{d}i}{\mathrm{d}t}$$

则图 3-10a 所示电路的端口伏安关系为

$$u = u_1 + u_2 + \cdots + u_n = (L_1 + L_2 + \cdots + L_n) \frac{\mathrm{d}i}{\mathrm{d}t}$$

而图 3-10b 所示电路的端口伏安关系为

$$u = L \frac{\mathrm{d}i}{\mathrm{d}t}$$

根据等效概念，等效电路具有相同的端口伏安关系，则

$$L = L_1 + L_2 + \cdots + L_n$$

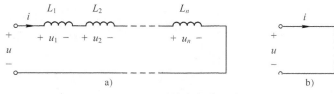

图 3-10　电感串联电路

图 3-11a 是 n 个电感的并联电路，根据电感的伏安关系，有

$$i_1 = \frac{1}{L_1} \int_{-\infty}^{t} u(\xi)\,\mathrm{d}\xi, i_2 = \frac{1}{L_2} \int_{-\infty}^{t} u(\xi)\,\mathrm{d}\xi, \cdots, i_n = \frac{1}{L_n} \int_{-\infty}^{t} u(\xi)\,\mathrm{d}\xi$$

则图 3-11a 所示电路的端口伏安关系为

$$i = i_1 + i_2 + \cdots + i_n = \left(\frac{1}{L_1} + \frac{1}{L_2} + \cdots + \frac{1}{L_n} \right) \int_{-\infty}^{t} u(\xi)\,\mathrm{d}\xi$$

而图 3-11b 所示电路的端口伏安关系为

$$i = \frac{1}{L} \int_{-\infty}^{t} u(\xi)\,\mathrm{d}\xi$$

根据等效概念，等效电路具有相同的端口伏安关系，则

$$\frac{1}{L} = \frac{1}{L_1} + \frac{1}{L_2} + \cdots + \frac{1}{L_n}$$

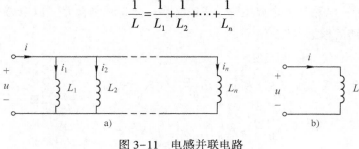

图 3-11　电感并联电路

3.2　动态电路的方程及求解

3.2.1　动态电路方程的建立

分析电路首先要建立电路方程，在前两章的直流电阻电路中所建立的电路方程均为线性代数方程，而在动态电路中，由于电容和电感元件的伏安关系为微积分关系，所以建立的动态电路方程为微积分方程。如果电路中只有一个独立的动态元件，则电路方程为一阶微分方程，称为一阶电路；如果电路中有 n 个独立的动态元件，则电路方程为 n 阶微分方程，称为 n 阶电路。

在动态电路中，通常把开关的打开、闭合或元件参数的突然变化称为换路。如果在 $t=0$ 时刻换路，则 $t=0_-$ 称为换路前的瞬间，$t=0_+$ 称为换路后的瞬间。换路后，电路会从原来的稳定状态过渡到一个新的稳定状态，这个过渡过程称为暂态。动态电路的方程就是换路后的电路方程。在动态电路中，电容电压 u_C 和电感电流 i_L 分别表示了电容和电感的储能情况，称为状态变量。在列写动态方程的过程中通常选择状态变量建立电路方程。建立方程的依据是基尔霍夫定律和元件的伏安关系。下面讨论几种典型动态电路的方程建立。

1. 一阶 RC 电路

如图 3-12 所示电路是一个典型一阶 RC 电路，$t=0$ 时刻换路。以电容电压 u_C 为变量建立电路方程，换路后根据 KVL 有

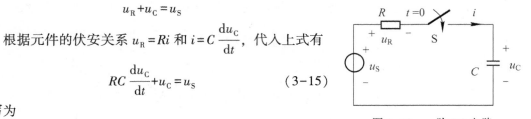

$$u_R + u_C = u_S$$

根据元件的伏安关系 $u_R = Ri$ 和 $i = C\dfrac{\mathrm{d}u_C}{\mathrm{d}t}$，代入上式有

$$RC\frac{\mathrm{d}u_C}{\mathrm{d}t} + u_C = u_S \qquad (3\text{--}15)$$

或写为

图 3-12　一阶 RC 电路

$$\tau\frac{\mathrm{d}u_C}{\mathrm{d}t} + u_C = u_S \qquad (3\text{--}16)$$

式中，$\tau = RC$ 具有时间的量纲，称为时间常数。

2. 一阶 RL 电路

如图 3-13 所示电路是一个典型一阶 RL 电路，$t = 0$ 时刻换路。以电感电流 i_L 为变量建立电路方程，换路后根据 KVL 有

$$u_R + u_L = u_S$$

根据元件的伏安关系 $u_R = Ri_L$ 和 $u_L = L\dfrac{\mathrm{d}i_L}{\mathrm{d}t}$，代入上式有

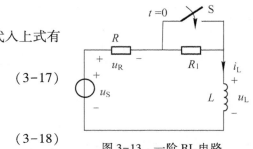

$$Ri_L + L\frac{\mathrm{d}i_L}{\mathrm{d}t} = u_S \qquad (3\text{--}17)$$

或写为

$$\tau\frac{\mathrm{d}i_L}{\mathrm{d}t} + i_L = \frac{1}{R}u_S \qquad (3\text{--}18)$$

图 3-13　一阶 RL 电路

式中，$\tau = \dfrac{L}{R}$ 具有时间的量纲，称为时间常数。

3. 二阶 RLC 串联电路

如图 3-14 所示电路是一个典型二阶 RLC 串联电路。以电容电压 u_C 为变量建立电路方程，换路后根据 KVL 有

$$u_R + u_L + u_C = u_S$$

根据元件的伏安关系 $u_R = Ri$，$u_L = L\dfrac{\mathrm{d}i}{\mathrm{d}t}$ 和 $i = C\dfrac{\mathrm{d}u_C}{\mathrm{d}t}$，代入上式有

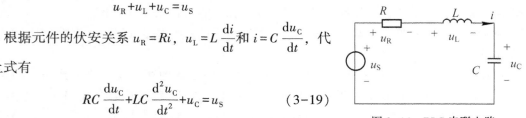

$$RC\frac{\mathrm{d}u_C}{\mathrm{d}t} + LC\frac{\mathrm{d}^2u_C}{\mathrm{d}t^2} + u_C = u_S \qquad (3\text{--}19)$$

或写为

图 3-14　RLC 串联电路

$$\frac{\mathrm{d}^2u_C}{\mathrm{d}t^2} + \frac{R}{L}\frac{\mathrm{d}u_C}{\mathrm{d}t} + \frac{1}{LC}u_C = \frac{1}{LC}u_S \qquad (3\text{--}20)$$

由上述三种典型动态电路可总结出，建立动态方程的一般步骤。

1）根据电路建立 KCL 和 KVL 方程，写出各元件的伏安关系。

2）在以上方程中消去中间变量，得到所需变量的微分方程。

3.2.2 动态电路方程的求解

根据式（3-16）和式（3-18），一阶动态电路方程的一般形式可归纳为

$$\tau \frac{\mathrm{d}y(t)}{\mathrm{d}t} + y(t) = bf(s) \tag{3-21}$$

式中，$y(t)$ 表示任意的电压或电流（不限于电容电压和电感电流），$f(s)$ 表示独立源。

式（3-21）是一阶线性常系数微分方程，方程的解包括两部分：相应的齐次方程对应的通解（齐次解）和满足非齐次方程的特解，即

$$y(t) = y_h(t) + y_p(t) \tag{3-22}$$

式中，$y_h(t)$ 表示对应的齐次方程的通解，$y_p(t)$ 表示方程的特解，一般具有与激励形式相同的函数形式。通解 $y_h(t)$ 的一般形式为

$$y_h(t) = A\mathrm{e}^{pt} \tag{3-23}$$

式中，A 为待定常数，p 为特征方程的特征根。

式（3-21）对应的齐次方程的特征方程为

$$\tau p + 1 = 0$$

所以，特征根为 $p = -\dfrac{1}{\tau}$。因此，通解 $y_h(t)$ 可写为

$$y_h(t) = A\mathrm{e}^{-\frac{t}{\tau}}$$

将特解代入式（3-22），则

$$y(t) = A\mathrm{e}^{-\frac{t}{\tau}} + y_p(t)$$

为了确定待定常数 A，取 $t = 0_+$，则

$$y(0_+) = A + y_p(0_+)$$
$$A = y(0_+) - y_p(0_+)$$

因此，一阶动态电路方程的解得一般形式为

$$y(t) = \left[y(0_+) - y_p(0_+)\right]\mathrm{e}^{-\frac{t}{\tau}} + y_p(t) \tag{3-24}$$

式中，$y(0_+)$ 和 $y_p(0_+)$ 表示电路的初始值。

3.2.3 动态电路的初始值

在动态电路中，如果在 $t=0$ 时刻换路，则 $t=0_+$ 时刻电路中各处的电压和电流值称为初始值。其中状态变量电容电压 $u_C(t)$ 和电感电流 $i_L(t)$ 的初始值由电路的初始储能决定，称为独立初始值，而除了状态变量以外其余变量的初始值，它们由电路激励和独立初始值来确定，称为非独立初始值。在求解动态电路的常系数微分方程时，需要根据初始值确定方程中的待定系数。下面介绍初始值的计算方法。

状态变量电容电压 $u_C(t)$ 和电感电流 $i_L(t)$ 反映了电路储能的状态，具有连续变化的性质。设 $t=0$ 时换路，如果在 $t=0$ 时刻电容电流 i_C 和电感电压 u_L 为有限值，则电容电压和电感电流是连续的。根据动态元件伏安关系的积分形式，有

$$u_C(0_+) = u_C(0_-) + \frac{1}{C}\int_{0_-}^{0_+} i_C(\xi)\,\mathrm{d}\xi$$

$$i_L(0_+) = i_L(0_-) + \frac{1}{L}\int_{0_-}^{0_+} u_L(\xi)\,\mathrm{d}\xi$$

如果在 $t=0$ 时刻电容电流 i_C 和电感电压 u_L 为有限值，则上式中积分项的计算结果为零，即

$$\begin{cases} u_C(0_+) = u_C(0_-) \\ i_L(0_+) = i_L(0_-) \end{cases} \tag{3-25}$$

式（3-25）常称为换路定律。

换路定律也可以从能量的角度来理解。我们知道，电容和电感的储能分别为

$$w_C = \frac{1}{2}Cu^2(t) \text{ 和 } w_L = \frac{1}{2}Li^2(t)$$

如果电容电压或电感电流发生跃变，那么电容和电感的储能也发生跃变。而能量的跃变意味着瞬时功率为无限大，这在实际电路中通常是不可能的。

对于独立初始值 $u_C(0_+)$ 和 $i_L(0_+)$，可以根据换路定律由 $t=0_-$ 时刻的 $u_C(0_-)$ 和 $i_L(0_-)$ 来确定。

对于非独立初始值，需要做出 $t=0_+$ 时刻的等效电路来确定。首先根据换路定律求出独立初始值 $u_C(0_+)$ 和 $i_L(0_+)$，再根据替代定理，用电压源 $u_C(0_+)$ 替代电容元件，用电流源 $i_L(0_+)$ 替代电感支路，从而得到一个不含动态元件的直流电阻电路，即 $t=0_+$ 时刻的等效电路。在此等效电路中求出的各个电压和电流变量的值即为各个变量的非独立初始值。

需要说明的是，当电容电流和电感电压为有限值时，换路定律才成立。在某些特殊情况下，电容电流和电感电压无限大，此时电容电压和电感电流就会跃变，换路定律不再适用，可以根据电荷守恒和通量守恒原理确定独立初始值。

例 3-4 电路如图 3-15a 所示，换路前电路已达到稳定状态，在 $t=0$ 时刻，开关 S 打开，求电容电流 $i_C(0_+)$。

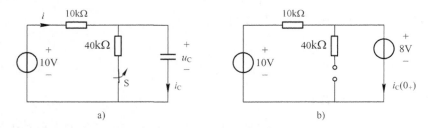

图 3-15 例 3-4 图

解： 首先求独立初始值 $u_C(0_+)$。

换路前电路已达到稳定状态，此时电容元件可看作开路，则

$$u_C(0_-) = 10 \times \frac{40}{10+40}\,\mathrm{V} = 8\,\mathrm{V}$$

根据换路定律，有

$$u_C(0_+) = u_C(0_-) = 8\,\mathrm{V}$$

用电压源 $u_C(0_+)$ 替代电容元件，作出 0_+ 时刻的等效电路，如图 3-15b 所示，可以得出

$$i_C(0_+) = \frac{10-8}{10} \text{mA} = 0.2 \text{ mA}$$

3.3 直流一阶动态电路的响应

动态电路的响应是指换路后过渡过程中的电压、电流随时间变化的规律。动态电路的响应可能由动态元件的初始储能引起，也可能由外加激励源引起，或者由两者共同作用引起，由此可把动态电路的响应分为零输入响应、零状态响应和全响应。

3.3.1 零输入响应

零输入响应是指换路后外加激励为零，仅由电路初始储能作用产生的响应。当外加激励为零时，一阶电路方程的特解 $y_p(t) = 0$，$y_p(0_+) = 0$。由于一阶电路方程的解为

$$y(t) = y_p(t) + [y(0_+) - y_p(0_+)] e^{-\frac{t}{\tau}}$$

因此，得到零输入响应的一般形式为

$$y(t) = y(0_+) e^{-\frac{t}{\tau}} \tag{3-26}$$

式中，$\tau = RC$（RC 电路）或 $\tau = L/R$（RL 电路），具有时间单位，称为时间常数。其中的 R 值为电容或电感以外的戴维南等效电阻。

如图 3-16a 所示一阶 RC 电路原已处于稳定，此时电容 C 充满电。$t=0$ 时换路，换路后的电路如图 3-16b 所示，电路中无外加激励作用，电路中的响应均由电容的初始储能引起，属于零输入响应。

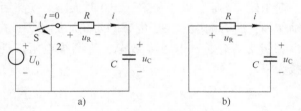

图 3-16　RC 电路的零输入响应

换路前，电容 C 充满电，则 $u_C(0_-) = U_0$。

在 $t=0$ 时刻换路后，由换路定律可知，$u_C(0_+) = u_C(0_-) = U_0$。

根据零输入响应的一般形式可得

$$u_C(t) = u_C(0_+) e^{-\frac{t}{\tau}} = U_0 e^{-\frac{t}{RC}} \quad t>0$$

由 KVL 方程 $u_C + u_R = 0$ 得

$$u_R(t) = -u_C(t) = -u_C(0_+) e^{-\frac{t}{\tau}} = -U_0 e^{-\frac{t}{RC}}$$

由欧姆定律得

$$i(t) = \frac{u_R(t)}{R} = \frac{-u_C(0_+) e^{-\frac{t}{\tau}}}{R} = -\frac{U_0}{R} e^{-\frac{t}{RC}}$$

画出 u_C、u_R 和 i 的波形如图 3-17 所示。由图可见，换路后电容电压 u_C、电阻电压 u_R 和

回路电流 i 分别从各自的初始值开始，随着时间的增大按同样的指数规律不断衰减，这一过程称为过渡过程或暂态过程。最后当 $t \to \infty$ 时，它们都趋于零，达到新的稳定状态。需要注意的是，在换路时 $u_C(t)$ 是连续的，没有跃变，即 $u_C(0_+) = u_C(0_-) = U_0$。而电阻电压 $u_R(0_-) = 0$，回路电流 $i(0_-) = 0$，在换路瞬间由零变为 $-U_0$ 和 $-U_0/R$，均发生了跃变。

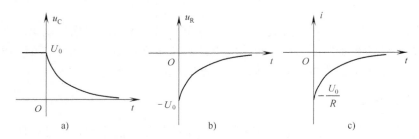

图 3-17 u_C、u_R 和 i 的零输入响应波形

时间常数 τ 反映了一阶动态电路过渡过程的情况。τ 越小，响应衰减越快，过渡过程越快。τ 越大，响应衰减越慢，过渡过程越慢。

以电容电压为例，当 $t = \tau$ 时，$u_C(\tau) = U_0 \mathrm{e}^{-1} = 0.368\ U_0$；当 $t = 3\tau$ 时，$u_C(3\tau) = U_0 \mathrm{e}^{-3} = 0.05\ U_0$；当 $t = 5\tau$ 时，$u_C(5\tau) = 0.007\ U_0$。

可以看出，经历一个 τ 的时间，电容电压衰减到初始值的 36.8%；经历两个 τ 的时间，电容电压衰减到初始值的 13.5%；经历 3~5τ 时间后，电容电压的数值已经微不足道，虽然理论上暂态过程时间为无穷，但在工程上一般认为 3~5τ 后电压、电流已衰减到零，暂态过程基本结束，电路已达到新的稳定状态。一阶电路中任意变量的响应具有相同的时间常数。

如图 3-18a 所示一阶 RL 电路原已处于稳定。$t = 0$ 时换路。换路后的电路如图 3-18b 所示，电路中无外加激励作用，所有响应取决于电感的初始储能，因此电路中的变量 i_L、u_L 和 u_R 均为零输入响应。电感初始储能通过电阻 R 放电，逐渐被电阻消耗，电路零输入响应则从初始值开始逐渐衰减为零。

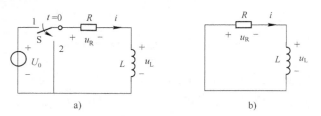

图 3-18 RL 电路的零输入响应

换路前，开关 S 位于位置 1，电感电流为 $i_L(0_-) = \dfrac{U_0}{R} = I_0$。

在 $t = 0$ 时刻换路后，由换路定律可知，$i_L(0_+) = i_L(0_-) = I_0$。

根据零输入响应的一般形式可得

$$i_L(t) = i_L(0_+) \mathrm{e}^{-\frac{t}{\tau}} = I_0 \mathrm{e}^{-\frac{Rt}{L}} \quad t > 0$$

由欧姆定律得

$$u_R(t) = R i_L(t) = I_0 R \mathrm{e}^{-\frac{Rt}{L}} \quad t > 0$$

由 KVL 方程 $u_L + u_R = 0$ 得

$$u_L(t) = -u_R(t) = -Ri_L(t) = -I_0 Re^{\frac{Rt}{L}} \quad t>0$$

画出 i_L、u_R 和 u_L 的波形如图 3-19 所示，由图可见，换路后电感电流 i_L、电阻电压 u_R 和电感电压 u_L 分别从各自的初始值开始，随着时间的增大按同样的指数规律不断衰减，最后当 $t \to \infty$ 时，它们都趋于零，达到新的稳定状态。

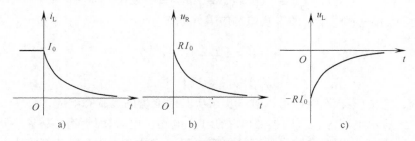

图 3-19　i_L、u_R 和 u_L 的零输入响应波形

例 3-5　电路如图 3-20 所示，换路前电路已处于稳态。$t=0$ 时将开关 S 打开。求 $t>0$ 时电感电流 $i_L(t)$。

解：换路前原电路已处稳态，电感相当于开路，故有

$$i_L(0_-) = \frac{12}{6} A = 2 A$$

根据换路定律，得电感电流的初始值为

$$i_L(0_+) = i_L(0_-) = 2 A$$

电路时间常数为

$$\tau = \frac{2}{12} s = \frac{1}{6} s$$

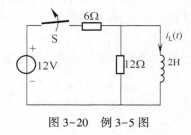

图 3-20　例 3-5 图

则换路后，由零输入响应的一般形式得

$$i_L(t) = i_L(0_+) e^{-\frac{t}{\tau}} = 2e^{-6t} A \quad t>0$$

3.3.2　零状态响应

零状态响应是指动态电路初始储能为零，换路后仅由外加激励作用产生的响应。

考虑式（3-24）一阶电路方程的解为

$$y(t) = y_p(t) + [y(0_+) - y_p(0_+)] e^{-\frac{t}{\tau}}$$

当外加激励为直流电源时，即 $y_p(t) = y_p(0_+) = K$（常数），得到零状态响应的一般形式为

$$y(t) = y_p(t) + [y(0_+) - y_p(0_+)] e^{-\frac{t}{\tau}} = K + [y(0_+) - K] e^{-\frac{t}{\tau}} \tag{3-27}$$

令 $t \to \infty$，得 $y(\infty) = K$，$y(\infty)$ 称为稳态值，表示电路达新的稳定状态时对应的值。

当动态电路初始储能为零时，状态变量电容电压 $u_C(0_+) = u_C(0_-) = 0$ 和电感电流 $i_L(0_+) = i_L(0_-) = 0$，但其他非独立初始值 $y(0_+)$ 不一定为零，因此计算动态电路的零状态响应，可先考虑计算状态变量的零状态响应，再通过状态变量再求其他响应。

求解电容电压 u_C 的零状态响应时，将 $u_C(0_+)=u_C(0_-)=0$ 和 $u_C(\infty)=K$ 代入式（3-27）中，得

$$u_C(t)=u_C(\infty)+[0-u_C(\infty)]e^{-\frac{t}{\tau}}=u_C(\infty)(1-e^{-\frac{t}{\tau}})$$

同样，求解电感电流 i_L 的零状态响应时，将 $i_L(0_+)=i_L(0_-)=0$ 和 $i_L(\infty)=K$ 代入式（3-27）中，得

$$i_L(t)=i_L(\infty)+[0-i_L(\infty)]e^{-\frac{t}{\tau}}=i_L(\infty)(1-e^{-\frac{t}{\tau}})$$

则，电容电压 u_C 和电感电流 i_L 的零状态响应通式如下：

$$u_C(t)=u_C(\infty)(1-e^{-\frac{t}{\tau}})$$

$$i_L(t)=i_L(\infty)(1-e^{-\frac{t}{\tau}}) \tag{3-28}$$

利用状态变量的零状态响应可以进一步求出其他变量的零状态响应。

如图 3-21 所示电路为 $t=0$ 时换路的一阶 RC 电路，电容初始储能为零，所有响应取决于换路后的外加激励。因此电路中的变量电容电压 u_C 和电流 i 均为零状态响应。

首先求状态变量电容电压 u_C 的零状态响应。根据式（3-28）得，电容电压 u_C 的零状态响应为

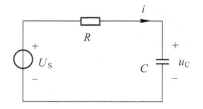

$$u_C(t)=u_C(\infty)(1-e^{-\frac{t}{\tau}})$$

换路后，电路达到稳定状态，此时电容相当于开路，则

$$u_C(\infty)=U_S$$

显然，时间常数 $\tau=RC$，电容电压 u_C 的零状态响应为

图 3-21　RC 电路的零状态响应

$$u_C(t)=u_C(\infty)(1-e^{-\frac{t}{\tau}})=U_S(1-e^{-\frac{t}{\tau}}) \quad t>0$$

进一步求电流 i 的零状态响应为

$$i(t)=C\frac{\mathrm{d}u_C}{\mathrm{d}t}=\frac{U_S}{R}e^{-\frac{t}{\tau}}$$

或由 KVL 方程 $Ri+u_C=U_S$ 求得电流 i 为

$$i(t)=\frac{U_S-u_C}{R}=\frac{U_S}{R}e^{-\frac{t}{\tau}}$$

例 3-6　电路如图 3-22 所示，电路原已处于稳态。$t=0$ 时开关 S 闭合。求 $t>0$ 时电感电流 i_L 和电流 i。

解：换路前原电路已处稳态，即换路时电感已无初始储能，故

$$i_L(0_+)=i_L(0_-)=0$$

$$i_L(\infty)=\frac{18}{12+(4//6)}\times\frac{6}{6+4}\text{A}=\frac{3}{4}\text{A}$$

电路时间常数

$$\tau=\frac{0.5}{4+(12//6)}\text{s}=\frac{1}{16}\text{s}$$

则换路后

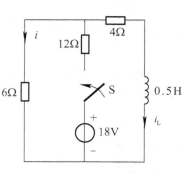

图 3-22　例 3-6 图

$$i_L(t)=i_L(\infty)(1-e^{-\frac{t}{\tau}})=\frac{3}{4}(1-e^{-16t})\text{A} \quad t>0$$

由 KVL 方程 $4i_L + L\dfrac{di_L}{dt} = 6i$ 求电流 i：

$$4 \times \frac{3}{4}(1 - e^{-16t}) + 0.5 \times \frac{3}{4} \times 16e^{-16t} = 6i$$

$$i(t) = 0.5 + 0.5e^{-16t} \text{ A} \quad t > 0$$

3.3.3 全响应

全响应是指换路后既有初始储能作用，又有外加激励作用下电路的响应。在激励为直流电源时，全响应即为微分方程全解，即有

$$y(t) = y_p(t) + y_h(t) = \underbrace{y_p(t)}_{\substack{\text{强迫响应} \\ \text{(稳态响应)}}} + \underbrace{[y(0_+) - y_p(0_+)]e^{-\frac{t}{\tau}}}_{\substack{\text{固有响应} \\ \text{(暂态响应)}}}$$

式中第一项是微分方程的特解，与激励具有相同的函数形式，此时为常数，称为强迫响应；该分量随时间的增长稳定存在，也称为稳态响应。式中第二项是微分方程的齐次解，称为固有响应。该分量随时间增长而按指数规律衰减到零，也称为暂态响应。

根据线性电路的叠加性质，按照引起响应原因的不同，也可将全响应分解为由初始储能产生的零输入响应和由独立电源产生的零状态响应两种分量：全响应 = 零输入响应 + 零状态响应，即

$$y(t) = \underbrace{y_x(t)}_{\text{零输入响应}} + \underbrace{y_f(t)}_{\text{零状态响应}}$$

如图 3-23 所示电路原已处于稳定。$t = 0$ 时换路，开关 S 由 1 侧闭合于 2 侧。换路后电路中既有外加激励作用，也有电容的初始储能，因此电路中的变量电容电压 u_C 和电流 i 均为全响应。

利用叠加原理求全响应。

原电路的分解图如图 3-24 所示，则对应的零输入响应和零状态响应如下。

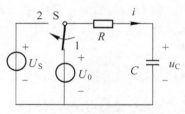

图 3-23　RC 电路的全响应

零输入响应：

$$u_{Cx}(t) = U_0 e^{-\frac{t}{\tau}}$$

$$i_x(t) = C\frac{du_{Cx}}{dt} = -\frac{U_0}{R}e^{-\frac{t}{\tau}}$$

零状态响应：

$$u_{Cf}(t) = U_S(1 - e^{-\frac{t}{\tau}})$$

$$i_f(t) = C\frac{du_{Cf}}{dt} = \frac{U_S}{R}e^{-\frac{t}{\tau}}$$

故全响应为

$$u_C(t) = u_{Cx}(t) + u_{Cf}(t) = U_S + (U_0 - U_S)e^{-\frac{t}{\tau}}$$

$$i(t) = i_x(t) + i_f(t) = \frac{U_S - U_0}{R}e^{-\frac{t}{\tau}}$$

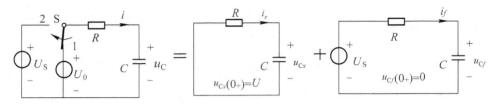

图 3-24　RC 电路全响应的叠加

3.4 直流一阶电路的三要素法

3.4.1 三要素公式

在求解动态电路响应时，对电容电压、电感电流这两个状态变量可以根据通式直接求解。典型的 RC 电路和 RL 电路的状态变量完全响应表达式为

$$u_C(t) = u_C(0_+) e^{-\frac{t}{\tau}} + u_C(\infty)(1 - e^{-\frac{t}{\tau}}) = u_C(\infty) + [u_C(0_+) - u_C(\infty)] e^{-\frac{t}{\tau}}$$

$$i_L(t) = i_L(0_+) e^{-\frac{t}{\tau}} + i_L(\infty)(1 - e^{-\frac{t}{\tau}}) = i_L(\infty) + [i_L(0_+) - i_L(\infty)] e^{-\frac{t}{\tau}}$$

可以发现只要确定了初始值、稳态值、时间常数这三个要素，即可得出全响应的表达式。对电路中的任意变量 $y(t)$，该方法同样适用，称为三要素法。

1. 三要素公式

设 $y(t)$ 为直流一阶电路中的任意变量（电流或电压），$t=0$ 时换路，则 $t>0$ 时 $f(t)$ 的表达式为

$$y(t) = y(\infty) + [y(0_+) - y(\infty)] e^{-\frac{t}{\tau}} \quad t>0 \tag{3-29}$$

式中，$y(0_+)$ 为换路后 $y(t)$ 相应的初始值；$y(\infty)$ 为换路后电路达稳态时 $y(t)$ 相应的稳态值；τ 为换路后电路的时间常数。对 RC 电路，$\tau = RC$；对 RL 电路，$\tau = \dfrac{L}{R}$。

根据三要素公式，只要求出初始值 $y(0_+)$、稳态值 $y(\infty)$ 和时间常数 τ 这三个要素，就可以求出一阶电路的响应。

2. 三要素公式的证明

我们知道，$t>0$ 时一阶动态时电路方程为

$$\frac{\mathrm{d}y(t)}{\mathrm{d}t} + \frac{1}{\tau} y(t) = bf(t)$$

其对应的完全解为

$$y(t) = y_p(t) + y_h(t) = y_p(t) + [y(0_+) - y_p(0_+)] e^{-\frac{t}{\tau}}$$

上述完全解即为一阶电路（$t>0$）在一般信号 $y(t)$ 激励下响应的计算公式。

当外加激励为直流电源时，$y_p(t) = y_p(0_+) = K$（常数），于是得到全响应的一般形式为

$$y(t) = y_p(t) + [y(0_+) - y_p(0_+)] e^{-\frac{t}{\tau}} = K + [y(0_+) - K] e^{-\frac{t}{\tau}}$$

$$K = \lim_{t \to \infty} y(t) = y(\infty)$$

于是得三要素法公式为

$$y(t) = y(\infty) + [y(0_+) - y(\infty)] e^{-\frac{t}{\tau}} \quad t > 0$$

需要说明的是，三要素公式不仅适用于状态变量，同样适用于求解一阶动态电路中其他的电压和电流变量。因为一阶电路只包含一个动态元件，根据替代定理，用电压源或电流源分别替代电容或电感元件。根据电路的线性性质，等效后的电路响应是原有独立源和替代后的电源叠加的结果，同样具有式（3-29）的形式，只是初始值和稳态值将有所不同。

需要指出，如果在 $t = t_0$ 时刻换路，则三要素公式改写为

$$y(t) = y(\infty) + [y(t_{0+}) - y(\infty)] e^{-\frac{t-t_0}{\tau}} \quad t > t_0$$

3.4.2　三要素法的应用

应用三要素法分析电路的基本步骤简单归纳为：①确定电压、电流初始值 $y(0_+)$；②确定换路后电路达到稳态时的 $y(\infty)$；③确定时间常数 τ 值；④代入三要素公式。

例 3-7　如图 3-25 所示电路，换路前电路已处于稳态，$t = 0$ 时开关 S 由 a 转向 b，用三要素法求 $t > 0$ 的 $u_R(t)$ 和 $i(t)$。

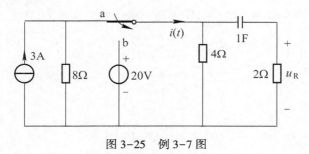

图 3-25　例 3-7 图

解：第一步，求初始值。

换路前：

$$u_C(0_-) = 3 \times (8 // 4) \text{ V} = \frac{32}{12} \times 3 \text{ V} = 8 \text{ V}$$

根据换路定律，有

$$u_C(0_+) = u_C(0_-) = 8 \text{ V}$$

第二步，求稳态值。$t = \infty$ 时电容 C 相当于开路，则

$$u_C(\infty) = 20 \text{ V}$$

第三步，求时间常数 τ 值。令电压源短路，则电容以外的等效电阻为

$$R = 2 \text{ } \Omega$$

$$\tau = RC = 2 \times 1 \text{ s} = 2 \text{ s}$$

第四步，代入三要素公式得

$$u_C(t) = u_C(\infty) + [u_C(0_+) - u_C(\infty)] e^{-\frac{t}{\tau}} = 20 + (8-20) e^{-\frac{t}{3}} \text{ V} = 20 - 12 e^{-\frac{t}{2}} \text{ V}$$

由 KVL 方程 $u_R(t) + u_C(t) = 20$，求电阻电压 $u_R(t)$：

$$u_R(t) = 20 - u_C(t) = 12 e^{-\frac{t}{2}} \text{ V}$$

根据 KCL 方程，求电流 $i(t)$：

$$i(t) = C\frac{\mathrm{d}u_C}{\mathrm{d}t} + \frac{20}{4} = (1 \times 6\mathrm{e}^{-\frac{t}{2}} + 5)\ \mathrm{A} = (5 + 6\mathrm{e}^{-\frac{t}{2}})\ \mathrm{A}$$

需要注意的是，三要素法只适用于一阶电路。但一些特殊的二阶电路，当它们可以化解为两个一阶电路时，仍然可用三要素法对相应的一阶电路求解，最后求出有关变量。

例3-8　如图3-26所示电路原已处于稳定，$t = 0$ 时开关 S 闭合，求 $t > 0$ 时的 $i(t)$，$i_C(t)$，$u_C(t)$。

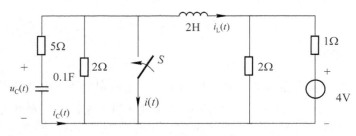

图 3-26　例 3-8 图

解：$t = 0_-$ 时电容看作开路，电感看作短路，两个状态变量为

$$u_C(0_-) = \frac{2//2}{2//2 + 1} \times 4\ \mathrm{V} = 2\ \mathrm{V}$$

$$i_L(0_-) = \frac{-4}{2//2 + 1} \times \frac{1}{2}\ \mathrm{A} = -1\ \mathrm{A}$$

由换路定律可知

$$i_L(0_+) = i_L(0_-) = -1\ \mathrm{A}$$

$$u_C(0_+) = u_C(0_-) = 2\ \mathrm{V}$$

$t = \infty$ 时有

$$u_C(\infty) = 0, \quad i_L(\infty) = \frac{-4}{1}\ \mathrm{A} = -4\ \mathrm{A}$$

$$\tau_C = 5 \times 0.1\ \mathrm{s} = 0.5\ \mathrm{s}, \quad \tau_L = 3\ \mathrm{s}$$

代入三要素公式得

$$u_C(t) = 2\mathrm{e}^{-2t}\ \mathrm{V} \quad t > 0$$

$$i_L(t) = -4 + 3\mathrm{e}^{-\frac{t}{3}}\ \mathrm{A} \quad t > 0$$

电容电流为

$$i_C(t) = C\frac{\mathrm{d}u_C}{\mathrm{d}t} = -0.4\mathrm{e}^{-2t}\ \mathrm{A} \quad t > 0$$

由 KCL 得：

$$i(t) = (4 - 3\mathrm{e}^{-\frac{1}{3}t} + 0.4\mathrm{e}^{-2t})\ \mathrm{A} \quad t > 0$$

习题

3-1　电路如题 3-1 图所示，已知 $i_L(t) = \mathrm{e}^{-2t}\ \mathrm{A}$，求端口电压 $u_{ab}(t)$。

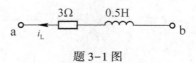

题 3-1 图

3-2 电路如题 3-2 图所示，已知 $u_C(t) = (4-2e^{-3t})$ V，$t \geq 0$，求 $u(t)$。

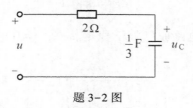

题 3-2 图

3-3 电路如题 3-3 图所示，已知电阻端电压 $u_R(t) = 5(1-e^{-10t})$ V，$t \geq 0$，求电压 $u(t)$。

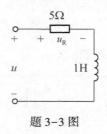

题 3-3 图

3-4 如题 3-4 图所示电路原已处于稳态，在 $t=0$ 时开关 S 断开，求 $i_C(0_+)$。

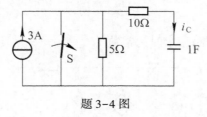

题 3-4 图

3-5 如题 3-5 图所示电路原已处于稳态，在 $t=0$ 时开关 S 断开，求 $u_L(0_+)$。

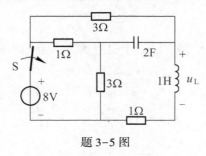

题 3-5 图

3-6 如题 3-6 图所示电路，开关 S 位于"1"已处于稳态，在 $t=0$ 时，开关转向"2"，求 $u_L(0_+)$。

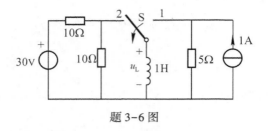

题 3-6 图

3-7 如题 3-7 图所示电路原已处于稳定状态，$t=0$ 时开关 S 打开，求电压初始值 $u(0_+)$。

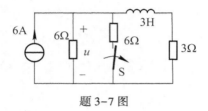

题 3-7 图

3-8 如题 3-8 图所示电路，求时间常数 τ。

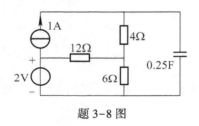

题 3-8 图

3-9 如题 3-9 图所示电路，求时间常数 τ。

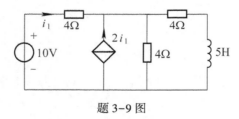

题 3-9 图

3-10 如题 3-10 图所示电路原已处于稳定状态，$t=0$ 时 S 闭合，则 $t>0$ 时电流 i。

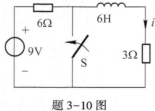

题 3-10 图

3-11 如题 3-11 图所示电路，$t=0$ 时开关闭合，闭合前电路处于稳态，求 $t \geqslant 0$ 时的

$u_C(t)$。

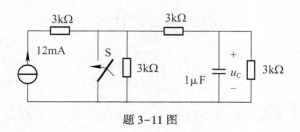

题 3-11 图

3-12 $t=0$ 时换路的电路如题 3-12 图所示，求电容电压 u_C 的零状态响应。

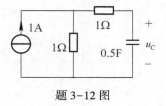

题 3-12 图

3-13 如题 3-13 图所示电路原已处于稳定状态，在 $t=0$ 时开关 S 闭合，求 $t \geqslant 0$ 时 $i_L(t)$。

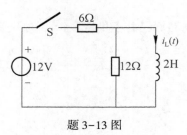

题 3-13 图

3-14 如题 3-14 图所示电路，电容初始储能为零，$t=0$ 时开关 S 闭合，求 $t \geqslant 0$ 时的电流 i_1。

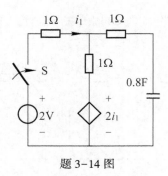

题 3-14 图

3-15 如题 3-15 图所示电路原已处于稳定状态，在 $t=0$ 时开关 S 闭合，求 $t>0$ 时 $i_L(t)$。

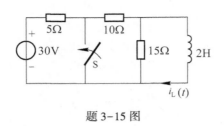

题 3-15 图

3-16 如题 3-16 图所示电路原已处于稳定状态，在 $t=0$ 时开关 S 断开，求 $t>0$ 时 $u(t)$。

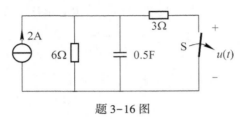

题 3-16 图

3-17 已知一阶 RL 电路的完全响应为 $i_L(t)=2-3e^{-t}$ A，现若改变初始条件为 $i_L(0_-)=3$ A，求 $t>0$ 时的 $i_L(t)$。

3-18 $t=0$ 时换路的一阶 RL 电路中电感电流为 $i_L(t)=(8-6e^{-3t})$ A，$t>0$。求其零输入响应分量和零状态响应分量。

3-19 如题 3-19 图所示电路原已处于稳定，$t=0$ 时开关 S 闭合，求 $t>0$ 时的 i。

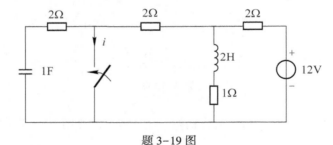

题 3-19 图

3-20 如题 3-20 图所示电路，在 $t<0$ 时开关 S 位于"1"，电路已处于稳态，$t=0$ 时开关闭合到"2"，求 $t>0$ 的 u_C。

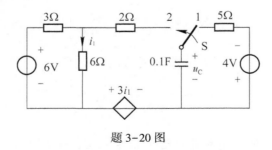

题 3-20 图

3-21 电路如题 3-21 图所示，已知电压 $u(t)=(5+2e^{-2t})$ V，$t>0$，和电流 $i(t)=(1+$

$2e^{-2t}$) A,$t>0$，求电阻 R 和电容 C。

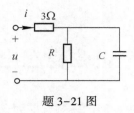

题 3-21 图

3-22　电路如题 3-22 图所示，N 中不含储能元件，当 $t=0$ 时开关 S 闭合后，输出电压的零状态响应为 $u_0(t)=(1+e^{-\frac{t}{4}})$ V，$t\geqslant0$。如果将 2F 的电容换为 2H 的电感，求输出电压的零状态响应 $u'_0(t)$。

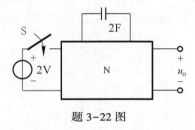

题 3-22 图

3-23　已知 $t=0$ 换路后，电路如题 3-23 图所示，电路响应为 $u_C(t)=(2+3e^{-t})$ V，求换路后的 $i(t)$，并指出其零输入响应和零状态响应分量。

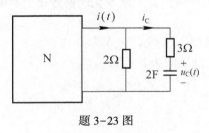

题 3-23 图

第4章 正弦稳态电路分析

为了分析简单方便，也遵从历史发展的轨迹，前面章节的讨论为直流激励下电路的分析和计算，而在实际电路中，正弦电源激励的电路是很常见，也是很重要的。这种正弦激励下电路的稳定状态称为正弦稳态，在工业生产和日常生活中，许多电气设备的设计和性能指标都是按照正弦稳态设计的。因此本章将讨论正弦激励下动态电路的稳态响应问题，首先介绍正弦量的概念，引入相量的概念，再介绍两类约束关系的相量形式、阻抗和导纳的概念，并介绍正弦稳态电路的分析方法及功率计算，最后介绍三相电路的特点，并对其进行分析。

4.1 正弦量

4.1.1 正弦量的基本概念

1. 正弦量的定义

正弦量是指具有正弦或余弦函数形式的信号。当电路中的激励为正弦信号的时候，电路中电压和电流的大小和方向都是按正弦规律变化的物理量，此时统称这些电压、电流等电学量为正弦交流电或正弦量。

正弦交流电可以通过波形图、函数表达式等方式表示，如图 4-1 所示的正弦交流电压和电流可以用式（4-1）所示的瞬时表达式来描述。

$$i(t) = I_m \cos(\omega t + \theta_i)$$
$$u(t) = U_m \cos(\omega t + \theta_u)$$

$$(4-1)$$

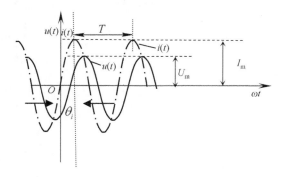

图 4-1 正弦量波形

下面介绍几个基本定义。

（1）描述幅度大小的量

瞬时值：波形在任意时刻的大小，通常用小写字母表示，如图 4-1 中的 u，i。

振幅：正弦量所能达到的最大值。如图 4-1 所示，U_m、I_m 是电压、电流在整个变化过程中所能达到的最大值。

（2）描述正弦量变化快慢的量

频率 f：正弦量每秒变化的循环周期次数，单位是赫兹（Hz）。

周期 T：正弦量完成一个循环变化所需的时间，单位是秒（s）。

角频率 ω：相位随时间变化的速率，单位是弧度/秒（rad/s）。

频率 f、周期 T 和角频率 ω 都是用来描述正弦量变化快慢的物理量，三者是相互关联的，三者的关系可以描述为

$$f = \frac{1}{T}, \quad \omega = 2\pi f = \frac{2\pi}{T}$$

因此，已知其中一个量，可以通过三者的关系求得另外两个量。

例 4-1 已知正弦交流电的频率是 50 Hz，试求该正弦交流电的周期和角频率各是多少？

解： 由已知 $f = 50$ Hz，根据频率 f、周期 T 和角频率 ω 三者之间的关系可得

$$T = \frac{1}{f} = \frac{1}{50} \text{s} = 0.02 \text{s}$$

$$\omega = 2\pi f = 2\pi \times 50 \text{ rad/s} = 100\pi \text{rad/s}$$

（3）初相 θ

初相位是指正弦量在 $t = 0$ 时正弦量的相位角，也称为初相角和初相。正弦量的相位决定了正弦量的初始值，θ 的大小与计时起点和正弦电流参考方向的选择有关。如果正弦量的正最大值在计时起点之前，则 $\theta > 0$，反之则 $\theta < 0$，通常规定 $|\theta| \leqslant \pi$。

例 4-2 已知正弦电流的振幅为 2 A，周期为 200 ms，初相为 $\frac{\pi}{3}$。试写出正弦电压的函数表达式。

解：

$$\omega = \frac{2\pi}{T} = \frac{2\pi}{200 \times 10^{-3}} = 10\pi$$

$$i(t) = I_m \cos(\omega t + \theta_u)$$

$$= 2\cos\left(10\pi t + \frac{\pi}{3}\right) \text{A}$$

2. 正弦量的相位差

在同频正弦电源激励下，线性时不变电路的稳态响应仍是同频率的正弦信号，这些信号的三要素中频率相同，不同的是振幅和初相。设同频率的两个正弦电流分别为

$$i_1(t) = I_{1m}\cos(\omega t + \theta_1) \quad i_2(t) = I_{2m}\cos(\omega t + \theta_2) \tag{4-2}$$

它们之间的相位之差为

$$\varphi = (\omega t + \theta_1) - (\omega t + \theta_2) = \theta_1 - \theta_2 \tag{4-3}$$

因此，称同频率的两个正弦量的相位之差为相位差，通常规定 $|\varphi| \leqslant \pi$。

根据相位差的大小，可以对波形的相位关系进行如下分析。

1）若 $\varphi > 0$，即 $\varphi = \theta_1 - \theta_2 > 0 \Rightarrow \theta_1 > \theta_2, i_1(t)$ 比 $i_2(t)$ 先到达最大值，称 $i_1(t)$ 超前 $i_2(t)$ 一个 φ 角。

2）若 $\varphi < 0$，即 $\varphi = \theta_1 - \theta_2 < 0 \Rightarrow \theta_1 < \theta_2, i_1(t)$ 比 $i_2(t)$ 后到达最大值，称 $i_1(t)$ 滞后 $i_2(t)$ 一个

φ 角。

3）若 $\varphi=0$，即 $\varphi=\theta_1-\theta_2=0\Rightarrow\theta_1=\theta_2$，则 $i_1(t)$ 和 $i_2(t)$ 同时到达最大值和零值。

4）若 $\varphi=\pm\pi$，即 $\varphi=\theta_1-\theta_2=\pm\pi\Rightarrow\theta_1=\theta_2\pm\pi$，则称 $i_1(t)$ 和 $i_2(t)$ 相位反相。

例 4-3 已知正弦电压 $u(t)=5\cos(10t+45°)$，正弦电流 $i(t)=2\cos(10t+30°)$，求 $u(t)$ 与 $i(t)$ 之间的相位差。

解：两者为同频率的正弦量，相位差为

$$\varphi=\theta_1-\theta_2=45°-30°=15°$$

即电压 $u(t)$ 超前 $i(t)$ 15°。

3. 正弦量的有效值

正弦量的瞬时值是随时间而变化的，在对正弦信号进行研究时，瞬时值有时并不是很方便，因此在工程上为了衡量平均效应，引入了有效值的概念。以周期电流 $i(t)$ 为例，它的有效值 I 定义为

$$I=\sqrt{\frac{1}{T}\int_0^T i^2\,\mathrm{d}t} \tag{4-4}$$

即为 $i(t)$ 的方均根值，有效值通常用大写字母来表示。

正弦电压或电流的有效值是振幅值的 0.707 倍，即对正弦交流电，有

$$I=\frac{I_m}{\sqrt{2}}=0.707I_m \tag{4-5}$$

引入有效值后，正弦电流和电压也可以写成如下形式：

$$i(t)=I_m\cos(\omega t+\theta_i)=\sqrt{2}I\cos(\omega t+\theta_i) \tag{4-6}$$

例 4-4 图 4-2 所示稳态电路中，$u_S(t)=10\cos2\pi t\ \mathrm{mV}$，则电流 $i(t)$ 有效值是多少？

解：$i(t)=\dfrac{u_S(t)}{R}=\dfrac{10\cos2\pi t}{5}\ \mathrm{mA}=2\cos2\pi t\ \mathrm{mA}$

$$I=\frac{I_m}{\sqrt{2}}=\frac{2}{\sqrt{2}}\ \mathrm{mA}=\sqrt{2}\ \mathrm{mA}$$

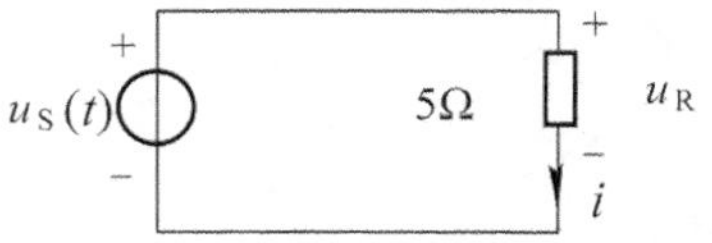

图 4-2　例 4-4 图

有效值的概念在实际电路中应用十分广泛，电力公司一般就是用有效值而不是峰值标称电压或电流的大小，如日常生活中的电压 220 V，指的就是有效值。

4.1.2　正弦量的相量表示及计算

在对正弦稳态电路进行分析时，常需要对正弦电压或电流进行加减和微积分计算，由于正弦交流电的函数表达形式是正弦函数，在计算时需要用到三角函数关系，因此在时域进行这样的分析比较烦琐耗时。为了简化正弦稳态电路的分析和计算，美国的电机工程师斯坦梅茨于 1893 年提出了利用相量求解此类问题的方法，即借用复数的概念来解决正弦量的计算问题。相量概念的提出，为分析由正弦激励的线性电路提供了一种简单可行的方法。

1. 复数的表示及运算

设 A 为复数，则 A 可以有以下几种数学表达形式。

（1）代数型或直角坐标形式：$A=a+\mathrm{j}b$

其中，$j=\sqrt{-1}$，a 和 b 分别为复数 A 的实部和虚部，用 Re 和 Im 分别表示取实部和虚部，则可表示为 $a=\mathrm{Re}[A]$，$b=\mathrm{Im}[A]$。

（2）三角形式：$A=|A|(\cos\theta+j\sin\theta)$

其中，$|A|$ 是复数 A 的模值，θ 为复数 A 的辐角：

$$\begin{cases}|A|=\sqrt{a^2+b^2}\\ \theta=\arctan\dfrac{b}{a}\end{cases},\quad \begin{cases}a=|A|\cos\theta\\ b=|A|\sin\theta\end{cases}$$

（3）指数形式或极坐标形式：$A=|A|e^{j\theta}$ 或 $A=|A|\angle\theta$

复数的直角坐标形式和极坐标形式之间的关系可以用图 4-3 来表示，图中横轴表示复数的实部，纵轴表示复数的虚部。

从图中可以看出，复数还可在复平面内用一条有向线段表示。

复数的以上三种表现形式之间是可以互相转换的，不同的表现形式在不同计算类型中所表现的复杂程度是不一样的，如复数的加减运算采用直角坐标形式更为方便，而乘除运算则采用极坐标或指数形式更为合适。

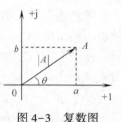

图 4-3　复数图

例 4-5　计算如下复数的值：

$$4\angle30°+6\angle90°$$

解： 由于是加减运算，所以选用直角坐标形式计算更为方便，首先将极坐标形式转换为直角坐标形式：

$$4\angle30°=4(\cos30°+j\sin30°)=4(0.866+j0.5)=3.464+j2$$

$$6\angle90°=6[\cos(90°)+j\sin(90°)]=6(0+j)=j6$$

将以上两式结果相加得到

$$4\angle30°+6\angle90°$$
$$=(3.464+j2)+j6$$
$$=3.464+j8$$

2. 正弦量的相量表示

相量表示的依据是欧拉公式，即

$$e^{j\theta}=\cos\theta+j\sin\theta$$

由此，正弦量可写为

$$i(t)=I_m\cos(\omega t+\theta_i)=\sqrt{2}I\cos(\omega t+\theta_i)=\mathrm{Re}[\sqrt{2}Ie^{j(\omega t+\theta_i)}]=\mathrm{Re}[\sqrt{2}Ie^{j\theta_i}e^{j\omega t}]$$
$$=\mathrm{Re}[\sqrt{2}\dot{I}e^{j\omega t}]=\mathrm{Re}[\dot{I}_m e^{j\omega t}] \qquad (4-7)$$

式中，$\dot{I}=Ie^{j\theta_i}=I\angle\theta_i$ 包含正弦量三要素中的幅度和相位信息，I 为有效值，称 $\dot{I}=I\angle\theta_i$ 为有效值相量，同理 $\dot{I}_m=\sqrt{2}Ie^{j\theta_i}=I_m\angle\theta_i$ 为振幅相量。因此相量中包含了正弦量的两个要素——幅值（或有效值）和初相，即相量是正弦信号的幅度与相位的复数表示，但其又不同于普通的复数，用字母符号上加 "·" 表示相量与一般的复数不同。

因此，正弦电流、电压可以用相量来表示，其中双向箭头表示时域和频域之间的转换关系。

$$i(t) = \sqrt{2}I\cos(\omega t + \theta_i) \quad \leftrightarrow \quad \dot{I} = Ie^{j\theta_i} = I\angle\theta_i$$

$$u(t) = \sqrt{2}U\cos(\omega t + \theta_u) \leftrightarrow \dot{U} = Ue^{j\theta_u} = U\angle\theta_u$$

以上两式表明，正弦量转换为相量形式时，需要将正弦量三要素中的频率信息去掉，只保留幅度与初相即可得到对应的相量形式，反之亦然。通过这种变换，即可实现正弦量与相量之间的相互表示。这种对应关系，实质上是一种"变换"，正弦量的时域瞬时表示形式可以变换为与时间无关的频域相量形式；反之亦然，相量（加上已知的频率信息）可以变换为正弦量的瞬时形式。需要注意的是，这种互相变换的形式，只适用于单一频率的情况下，即只有当两个或多个正弦量具有相同的频率时，才能应用相量进行计算。

相量图：与复数相同，相量在复平面上可用一条有向线段表示，这种表示相量的图称为相量图。需要注意的是，只有同频率的相量才能在同一复平面内表示出来。画相量图时可省掉虚轴，用虚线代替实轴，如图4-4所示。

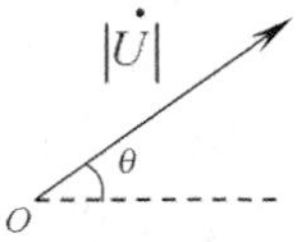

图4-4　相量图

例4-6　已知$\dot{U} = 2\angle45°$ V，试写出电压的瞬时值表达式。

解：根据相量和正弦量之间的转换关系，可以得到电压的瞬时表达式为

$$u(t) = 2\sqrt{2}\cos(\omega t + 45°) \text{ V}$$

例4-7　已知正弦电流的相量为$\dot{I} = 10\angle45°$ A，$f = 50$ Hz，试写出电流的瞬时值表达式。

解：正弦电流的角频率为

$$\omega = 2\pi f = 314 \text{ rad/s}$$

由于电流相量为$\dot{I} = 10\angle45°$ A，可得电流的瞬时值表达式为

$$i(t) = 10 \times \sqrt{2}\cos(\omega t + 45°) \text{ V}$$

$$= 10\sqrt{2}\cos(314t + 45°) \text{ V}$$

例4-8　已知$u(t) = 10\cos(314t - 30°)$ V，试用相量表示$u(t)$，并画出相量图。

解：由电压的瞬时表达式得到有效值相量为

$$\dot{U} = \frac{10}{\sqrt{2}}\angle-30° \text{ V} = 5\sqrt{2}\angle-30° \text{ V}$$

其相量图如图4-5所示。

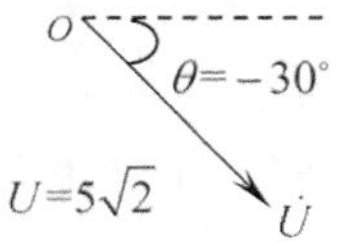

在分析单频电路时，由于电路中的电压与电流都是与激励同频率的正弦量，因此可以引入相量来简化同频率正弦量的运算，相量运算与复数运算相同，如时域同频正弦信号相加减对应于频域相量相加减：

图4-5　例4-8图

$$i(t) = i_1(t) \pm i_2(t) \leftrightarrow \dot{I} = \dot{I}_1 \pm \dot{I}_2 \tag{4-8}$$

例4-9　已知正弦量$u_1(t) = 6\sqrt{2}\cos(50t - 30°)$ V，$u_2(t) = 8\sqrt{2}\cos(50t + 60°)$ V，求$u_1(t) + u_2(t)$的值。

解：u_1和u_2为同频交流电，取它们的有效值和初相即构成相量。它们的和或差仍为同频率的正弦量，可用相量法进行计算：

$$\dot{U}_1 = 6\angle-30° \text{ V} = (3\sqrt{3} - j3) \text{ V}$$

$$\dot{U}_2 = 8\angle60° \text{ V} = (4 + j4\sqrt{3}) \text{ V}$$

$$\dot{U} = \dot{U}_1 + \dot{U}_2 = 6\angle -30° \text{ V} + 8\angle 60° \text{ V}$$
$$= (3\sqrt{3} - \text{j}3)\text{ V} + (4 + \text{j}4\sqrt{3})\text{ V}$$
$$= (9.196 + \text{j}3.928)\text{ V}$$
$$= 10\angle 23.13° \text{ V}$$

将上述结果转换回时域得到时域表达式为

$$u_1(t) + u_2(t) = 10\sqrt{2}\cos(50t + 23.13°)\text{ V}$$

在电路分析中，常会遇到正弦量的加、减运算，可以像上述例题所示，将时域的正弦量的计算变换为对应的频域相量计算，使计算变得简单。在频域求出结果后，可以再通过相量和正弦量的变换，将结果转换回时域，得到最终的时域表达式。

4.2　两类约束关系的相量形式

通过直流电阻电路的学习，我们知道两类约束关系是分析电路问题的基本依据。引入相量后，对电路的分析由时域变换到了频域，直流电阻电路中的电路理论和分析方法仍然适用，只不过表现形式有所变化，变换为频域的相量形式。因此，本节将讨论两类约束关系的相量形式，首先分析基尔霍夫定律的相量形式，然后分析元件两端伏安关系的相量形式。

4.2.1　基尔霍夫定律的相量形式

基尔霍夫电流定律的内容为：对于集总参数电路中的任意节点，节点连接有 m 条支路，任一时刻流入或流出该节点电流的代数和为零。数学表达式为

$$\sum_{k=1}^{m} i_k(t) = 0 \tag{4-9}$$

式中，i_k 为第 k 条支路电流。

对于线性时不变电路，在单一频率 ω 的正弦激励下进入稳态后，各处的电压、电流都将为同频率的正弦波。设第 k 条支路电流为 $i_k(t) = I_{km}\cos(\omega t + \theta_{ik})$，则该节点 KCL 时域方程式可表示为

$$\sum_{k=1}^{m} i_k(t) = \sum_{k=1}^{m} \text{Re}\left[\sqrt{2}\,\dot{I}_k \text{e}^{\text{j}\omega t}\right] = 0 \tag{4-10}$$

其中

$$\dot{I}_k = I_k \text{e}^{\text{j}\theta_{ik}} = I_k\angle \theta_{ik} \tag{4-11}$$

式（4-11）为流出该节点的第 k 条支路正弦电流 $i_k(t)$ 对应的相量。根据前面所述的相量概念及其运算规则，可推导出 KCL 的相量形式，即

$$\sum_{k=1}^{m} \dot{I}_k = 0 \tag{4-12}$$

同理可以证明，基尔霍夫电压定律同样对相量成立：在正弦稳态电路中，沿任一回路，KVL 可表示为

$$\sum_{k=1}^{m} \dot{U}_k = 0 \tag{4-13}$$

式中，$\dot{U}_k$ 为回路中第 k 条支路的电压相量。有了基尔霍夫电压和电流定律的相量形式，可以利用它们来解决正弦稳态情况下的电路分析问题，方便简化计算。

4.2.2 基本元件伏安特性的相量形式

对正弦稳态电路进行分析时，除了拓扑约束，还需要分析基本元件电阻、电感和电容两端的伏安关系，因此下面将各个元件的电压-电流关系从时域转换到频域，用相量的形式来表示，并进行分析。

1. 电阻元件 R

如图 4-6a 所示，电阻两端的电压、电流采用关联参考方向，且流经电阻的电流为

$$i(t) = \sqrt{2}I\cos(\omega t + \theta_i) \tag{4-14}$$

其相量形式为

$$\dot{I} = Ie^{j\theta_i} = I \angle \theta_i \tag{4-15}$$

由欧姆定律可知其两端电压为

$$
\begin{aligned}
u(t) &= Ri \\
&= R\sqrt{2}I\cos(\omega t + \theta_i) \\
&= \sqrt{2}RI\cos(\omega t + \theta_i) \\
&= \sqrt{2}U\cos(\omega t + \theta_u)
\end{aligned}
$$

因此，可得到电压有效值相量形式为

$$\dot{U} = U \angle \theta_u = RI \angle \theta_i = R\dot{I} \tag{4-16}$$

式（4-16）表明，电阻两端的伏安关系在频域的相量形式与时域的情况相同。它反映了电阻上电压电流的大小关系和相位关系，即有

$$
\begin{cases}
U = RI \\
\theta_u = \theta_i
\end{cases} \tag{4-17}
$$

从式（4-17）可以看出 $\theta_u = \theta_i$，即电阻两端电压和电流同相。

电阻元件的相量模型如图 4-6b 所示。经过比较可以看出，图 4-6b 与图 4-6a 的拓扑结构相同，但图 4-6b 中电压、电流均用相量表示，故称为相量模型。电阻元件上电压、电流的相量图如图 4-7 所示。

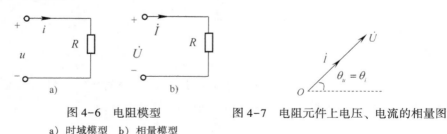

图 4-6　电阻模型　　　　　　图 4-7　电阻元件上电压、电流的相量图
a）时域模型　b）相量模型

2. 电感元件 L

如图 4-8a 所示，电感元件 L 两端的电压、电流采用关联参考方向，流经电感的电流为

$$i(t) = \sqrt{2}I\cos(\omega t + \theta_i) \tag{4-18}$$

则电感两端的电压为

$$u(t) = L\frac{\mathrm{d}i}{\mathrm{d}t}$$

$$= -\sqrt{2}\,\omega LI\sin(\omega t + \theta_i) \tag{4-19}$$

$$= \sqrt{2}\,\omega LI\cos(\omega t + \theta_i + 90°)$$

可得电压的相量为

$$\dot{U} = \omega LI\angle(\theta_i + 90°) = \omega LI\angle\theta_i \times 1\angle 90° = \mathrm{j}\omega L\,\dot{I} \tag{4-20}$$

式（4-20）为电感元件伏安特性的相量形式。其中元件参数 $\mathrm{j}\omega L$ 称为电感的阻抗，反映了电感元件上电压、电流的大小关系和相位关系，即有

$$\begin{cases} U = \omega LI \\ \theta_u = \theta_i + 90° \end{cases} \tag{4-21}$$

从上述的求解过程可知，电感电压和电感电流是同频率的正弦量，但是电感电压相位超前电感电流 90°。它们的幅值之间的关系是

$$\frac{U}{I} = \omega L = X_\mathrm{L} \tag{4-22}$$

式中，$X_\mathrm{L} = \omega L$ 为电感的电抗，简称感抗，表示电感对电流呈现的阻力大小。感抗值与 ω 和 L 成正比，单位为 Ω。因此电感元件上电压、电流的关系还可以表示为

$$\dot{U} = \mathrm{j}\omega L\,\dot{I} = \mathrm{j}X_\mathrm{L}\,\dot{I} \tag{4-23}$$

根据电感元件的伏安特性，得到电感的相量模型如图 4-8b 所示，电感元件上电压、电流的相量图如图 4-9 所示。

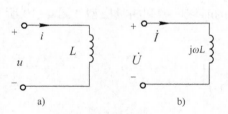

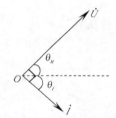

图 4-8　电感模型　　　　　　图 4-9　电感元件上电压、电流的相量图

a）时域模型　b）相量模型

3. 电容元件 C

如图 4-10a 所示，电容元件 C 两端的电压、电流采用关联参考方向，电容两端的电压 $u(t)$ 为

$$u(t) = \sqrt{2}\,U\cos(\omega t + \theta_u) \tag{4-24}$$

则流经电容的电流为

$$i(t) = C\frac{\mathrm{d}u}{\mathrm{d}t} = -\sqrt{2}\,\omega CU\sin(\omega t + \theta_u)$$

$$= \sqrt{2}\,\omega CU\cos(\omega t + \theta_u + 90°)$$

相量形式为

$$\dot{I} = \omega CU\angle(\theta_u + 90°) = \omega CU\angle\theta_u \times 1\angle 90° = \mathrm{j}\omega C\,\dot{U} \tag{4-25}$$

或写为

$$\dot{U} = \frac{1}{j\omega C}\dot{I} \tag{4-26}$$

式（4-26）为电容元件伏安特性的相量形式。其中元件参数$\frac{1}{j\omega C}$称为电容的阻抗。电容元件伏安特性反映电容上电压、电流的大小关系和相位关系，即有

$$\begin{cases} U = \dfrac{1}{\omega C}I \\ \theta_u = \theta_i - 90° \end{cases} \tag{4-27}$$

可知，电容电压和电容电流是同频率的正弦量，但是电容电流相位超前电容电压90°。它们的幅值之间的关系是

$$\frac{U}{I} = \frac{1}{\omega C} = X_C \tag{4-28}$$

式中，$X_C = \dfrac{1}{\omega C}$为电容的电抗，简称容抗，表示电容对电流呈现的阻力大小。容抗值与ω、C成反比，单位为Ω。因此电容元件上电压、电流的关系还可以表示为

$$\dot{U} = \frac{1}{j\omega C}\dot{I} = -jX_C\,\dot{I} \tag{4-29}$$

$$\begin{cases} U = \dfrac{1}{\omega C}I = X_C I \\ \theta_u = \theta_i - 90° \end{cases} \tag{4-30}$$

根据电容元件的伏安特性，可以得到电容的时域模型和相量模型如图4-10所示，电容元件上电压、电流的相量图如图4-11所示。

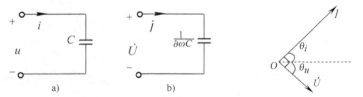

图4-10　电容模型　　　图4-11　电容元件上电压、电流的相量图

a）时域模型　b）相量模型

例4-10　已知电感$L=1\mathrm{H}$，流经电感的电流为$i(t)=10\sqrt{2}\cos(10t+30°)$ A，电感元件两端的电压与流经电感的电流为关联参考方向，求电感元件两端的电压瞬时表达式。

解：由已知条件可得到电流的相量形式和角频率ω：

$$i(t) = 10\sqrt{2}\cos(10t+30°)\ \mathrm{A} \Leftrightarrow \dot{I} = 10\angle 30°\ \mathrm{A} \qquad \omega = 10\ \mathrm{rad/s}$$

根据电感元件两端的伏安关系可得

$$\dot{U} = j\omega L\,\dot{I} = 100\angle 120°\ \mathrm{V}$$

因此，电压的瞬时表达式为

$$u(t) = 100\sqrt{2}\cos(10t+120°)\ \mathrm{V}$$

4.3 阻抗与导纳

4.3.1 阻抗 Z

设有一个无源二端网络，如图 4-12 所示，将端口的电压相量和电流相量的比值定义为阻抗，即

$$Z = \frac{\dot{U}}{\dot{I}} = \frac{U}{I} \angle (\theta_u - \theta_i) = R + jX = |Z| \angle \varphi \tag{4-31}$$

式中，R 为阻抗的电阻分量；X 为阻抗的电抗分量。阻抗模 $|Z| = \sqrt{R^2 + X^2} = \frac{U}{I}$，阻抗角 $\varphi = \arctan \frac{X}{R} = \theta_u - \theta_i$，阻抗的单位为 Ω。

式（4-31）也可以写为

$$\dot{U} = Z\dot{I} \tag{4-32}$$

式（4-32）在形式上与欧姆定律相似，只是电压和电流为相量形式。

若电路中含有 n 个阻抗串联（见图 4-13），则总阻抗值为 n 个阻抗值之和，即

$$Z = Z_1 + Z_2 + \cdots + Z_n \tag{4-33}$$

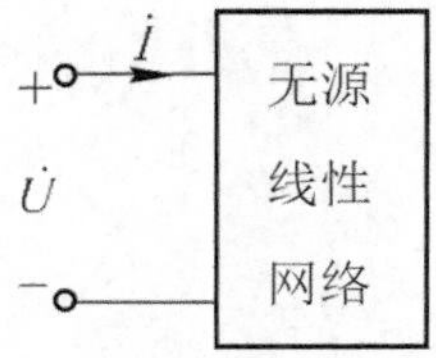

图 4-12 无源二端网络

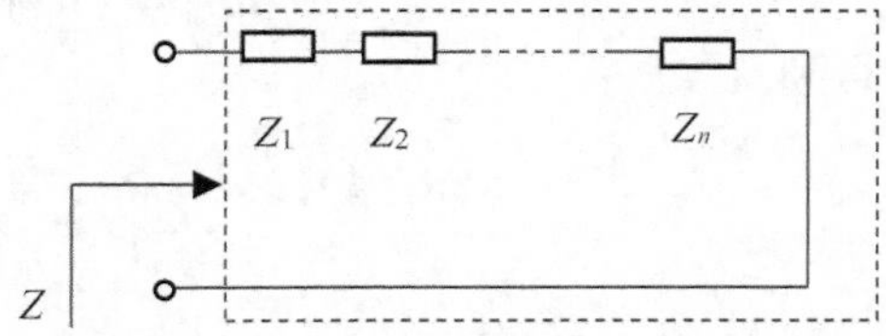

图 4-13 n 个阻抗串联

4.3.2 导纳 Y

在分析电路时，尤其是在含有并联电路的分析中，采用阻抗的倒数运算起来会比较方便，这个阻抗的倒数就是导纳，其为流过电路的电流相量和电路两端的电压相量之比。

二端网络的导纳定义为

$$Y = \frac{\dot{I}}{\dot{U}} = \frac{I}{U} \angle (\theta_i - \theta_u) = G + jB = |Y| \angle \varphi' \tag{4-34}$$

式中，导纳的单位为西门子（S），G 为导纳的电导分量，B 为导纳的电纳分量。

导纳模 $|Y| = \sqrt{G^2 + B^2} = \frac{I}{U}$，导纳角 $\varphi' = \arctan \frac{B}{G} = \theta_i - \theta_u = -\varphi$。

与阻抗类似，若电路中有 n 个导纳并联，则总导纳为

$$Y = Y_1 + Y_2 + \cdots + Y_n \tag{4-35}$$

由阻抗和导纳的定义可知

$$Z = \frac{1}{Y} \tag{4-36}$$

即阻抗和导纳互为倒数。

例4-11　如图4-14所示的无源网络 N，若 $u(t) = 40\cos(2t-90°)$ V，$i(t) = 8\cos(2t-45°)$ A。求其端口阻抗 Z。

解：根据题意，可知电压、电流相量为

$$\dot{U} = 20\sqrt{2} \angle -90° \text{ V} \qquad \dot{I} = 4\sqrt{2} \angle -45° \text{ A}$$

其阻抗为

$$Z = \frac{\dot{U}}{\dot{I}} = \frac{20\sqrt{2} \angle -90°}{4\sqrt{2} \angle -45°} \Omega = 5 \angle -45° \ \Omega$$

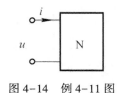

图 4-14　例 4-11 图

例4-12　图4-15所示电路中已知 $i_s(t) = 10\sqrt{2}\cos(2t-36.9°)$ A，$u(t) = 50\sqrt{2}\cos 2t$ V，求 R 和 L。

解：根据题意，可知电压、电流相量为

$$\dot{U} = 50 \angle 0° \text{ V} \qquad \dot{I} = 10 \angle -36.9° \text{ A}$$

其阻抗为

$$Z = \frac{\dot{U}}{\dot{I}} = \frac{50 \angle 0°}{10 \angle -36.9°} \Omega = 5 \angle 36.9 \ \Omega = (4+j3) \ \Omega$$

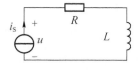

图 4-15　例 4-12 图

电路中电阻和电感元件为串联，故阻抗为

$$Z = R + jX_L = R + j\omega L$$

对比系数可以得到

$$R = 4 \ \Omega, L = \frac{3}{\omega} = \frac{3}{2} \text{ H} = 1.5 \text{ H}$$

4.4　正弦稳态电路分析方法

4.4.1　相量模型及相量法

1. 相量模型

在前面的分析中，电路模型大多是在时域进行讨论的，这种描述时域电压、电流量相互作用关系的电路模型称为时域模型。在正弦稳态情况下，将时域模型中的正弦量用相量替换，无源元件参数用阻抗或导纳来表示，这样得到的模型就称为电路的相量模型。相量模型和时域模型具有相同的拓扑结构。

2. 相量法

运用相量和相量模型来分析正弦稳态电路的方法称为相量法。电路分析的依据仍然是两类约束关系。由前面的分析可知，两类约束关系的相量形式与直流电路中的形式一致，因此直流电路中的各种定理、公式和方法，如叠加定理、网孔法、节点法、等效电源定理等同样适用于正弦稳态电路分析。因此在正弦稳态电路中，运用相量法分析电路的具体分析步骤如下。

1）根据已知条件，画出电路的相量模型。

2）选择适当的求解方法，根据两类约束关系的相量形式建立电路的相量方程。

3）解方程求得待求的电流或电压相量，并根据频域相量形式写出其对应时域正弦量表达式。

以上是通用的相量法求解过程，必要时还需要借助相量图来辅助求解。相量法实质上是一种域之间的"变换"，它通过时域和频域的变换，把正弦稳态中时域求微分方程的问题"变换"为在频域中解复数代数方程的问题，从而简化了计算过程，降低了计算复杂度。

4.4.2 相量法的应用

对正弦稳态电路进行分析时，前面直流电阻电路部分学过的分析方法和定理，如网孔法、节点法、等效变换等同样适用于正弦稳态电路的分析，都是可以应用的，其区别在于需要一个从时域到频域的转换，并进行相量运算。

例 4-13 电路如图 4-16 所示，已知 $u_S(t) = \cos(2t+30°)$ V，试求电流 i_2。

解：根据题意已知

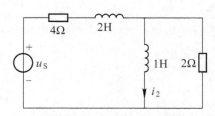

图 4-16　例 4-13 图

$$\dot{U}_S = \frac{\sqrt{2}}{2}\angle 30° \text{ V}$$

电路的总阻抗为

$$Z = (4+j4+j2//2)\ \Omega$$
$$= (5+j5)\ \Omega$$

因此可先计算出电路总电流，再根据分流公式得到电流 $\dot{I}_2$ 为

$$\dot{I}_2 = \frac{\dot{U}_S}{Z}\cdot\frac{2}{j2+2} = \frac{\frac{\sqrt{2}}{2}\angle 30°}{5+j5}\cdot\frac{2}{j2+2}\text{A} = \frac{\sqrt{2}}{20}\angle -60°\text{ A}$$

因此可得电流 i_2 的时域表达式为

$$i_2(t) = 0.1\cos(2t-60°)\text{ A}$$

例 4-14 试求如图 4-17 所示电路中的 $\dot{I}$。

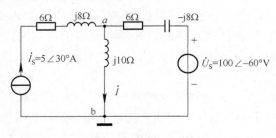

图 4-17　例 4-14 图

解：使用节点电压法求解。

设 b 为参考节点，如图 4-17 所示。节点电位为 $\dot{U}_a$，则有

$$\dot{U}_a = \frac{5\angle 30° + \dfrac{100\angle -60°}{6-j8}}{\dfrac{1}{j10}+\dfrac{1}{6-j8}}\text{ V} = 226.3\angle 23.67°\text{ V}$$

93

所以

$$\dot{I} = \frac{\dot{U}_a}{j10} = 22.63\angle-66.33° \text{ A}$$

注意：与电流源串联的阻抗不能出现在节点方程中。

此题可用多种方法求解，除了节点电压法，还可以用网孔电流法、戴维南定理、叠加定理等，读者可以尝试多种解法并对比分析。

例4-15 求图4-18所示一端口电路的戴维南等效电路。

解：列出端口伏安关系式：

$$\dot{U} = j5\dot{I}_1 + 6(\dot{I}_1-\dot{I}) = (6+j5)\dot{I}_1 - 6\dot{I}$$

又

$$(6+j10)\dot{I}_1 + 6(\dot{I}_1-\dot{I}) = 6\angle0°$$

求得端口电压$\dot{U}$与电流$\dot{I}$的关系式为

$$\dot{U} = 3 - 3\dot{I}$$

即

$$\dot{U}_{oc} = 3\angle0° \text{ V}, \quad Z_{ab} = 3\ \Omega$$

因此可得到一端口电路的戴维南等效电路如图4-19所示。

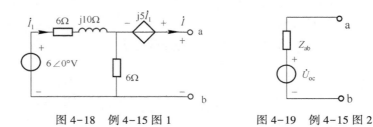

图 4-18　例 4-15 图 1　　　　图 4-19　例 4-15 图 2

4.4.3　相量法的应用——相量图法

相量图法是分析正弦稳态电路的一种辅助方法，可通过相量图求得待求未知相量。相量图法特别适用于正弦稳态电路中 RLC 串联、并联和简单的混联电路的分析。对于单一频率激励下的正弦稳态电路的响应分析，若采用相量图法求解，其一般分析步骤如下。

1）画出电路相量模型。

2）选择合适的参考相量，并设该相量的初相为零。对于串联电路，通常选择回路电流相量作为参考相量，而对于并联电路，则通常选择电压相量作为参考相量。

3）从参考相量出发，将电路中的元件约束和拓扑约束关系在相量图上体现出来，即分析元件伏安特性和有关电流、电压之间的关系画出相量图。

4）利用相量图表示的几何关系，求得所需的电流、电压相量。

其中，选择合适的参考相量是相量图法中关键的一步。

例4-16 如图4-20所示电路中，$R = X_L = X_C$，并已知电流表 A_1 的读数为 10A，问 A_2 和 A_3 的读数分别为多少？

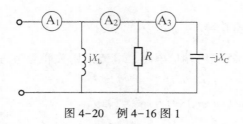

图 4-20　例 4-16 图 1

解： 这是一个 RLC 并联电路，可以借助相量图来求解。在并联电路中，选取并联电压作为参考相量，设

$$\dot{U} = U \angle 0° \text{ V}$$

设各支路电流和端口电压如图 4-21 所示。

由已知条件 $R = X_L = X_C$，且并联电压相同，所以流经三条并联支路的电流大小是相同的，即

$$I_L = I_R = I_3$$

然后再依据 KCL 方程，即依据并联电路各支路电流的关系，得

$$\dot{I}_2 = \dot{I}_R + \dot{I}_3$$

$$\dot{I}_1 = \dot{I}_L + \dot{I}_2$$

根据各元件上电压、电流的相位关系及电路中 KCL 和 KVL 方程画出相量图，如图 4-22 所示。

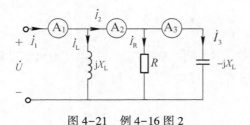

图 4-21　例 4-16 图 2　　　　　　　图 4-22　例 4-16 图 3

由相量图，且已知电流表 A_1 的读数为 10 A，可得

$$I_1 = I_R = I_L = I_3 = 10 \text{ A}$$

$$I_2 = \sqrt{I_R^2 + I_3^2} = 10\sqrt{2} \text{ A}$$

因此电流表 A_3 的读数为 10 A，A_2 的读数为 $10\sqrt{2}$ A。

4.5　正弦稳态电路中的功率问题

交流功率分析具有十分重要的意义，在许多电气设备、通信系统和电力系统中功率都是一个十分重要的物理量。在正弦交流电路中，由于电感和电容的存在，使功率出现能量的往返现象，因此，一般交流电路功率的分析比纯电阻功率的分析要复杂得多。本节首先给出平均功率、无功功率、视在功率和功率因数的概念及计算，然后分析正弦稳态电路中最大功率传输的问题。

4.5.1　正弦稳态电路的功率

设图 4-23 所示无源二端网络端口电压、电流采用关联参考方向，它们的瞬时表达式与对应的相量为

$$i(t) = \sqrt{2}I\cos(\omega t + \theta_i) \leftrightarrow \dot{I} = Ie^{j\theta_i} = I\angle\theta_i$$

$$u(t) = \sqrt{2}U\cos(\omega t + \theta_u) \leftrightarrow \dot{U} = Ue^{j\theta_u} = U\angle\theta_u$$

则二端网络有以下几种功率表现形式。

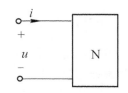

图 4-23　无源二端网络

（1）瞬时功率 $p(t)$（W）

元件吸收的瞬时功率 $p(t)$ 等于该元件两端的瞬时电压和流经此元件的瞬时电流的乘积，可表示为

$$p(t) = u(t)i(t) = \sqrt{2}U\cos(\omega t + \theta_u)\sqrt{2}I\cos(\omega t + \theta_i) \tag{4-37}$$

利用积化和差三角公式，可得

$$p(t) = UI\cos(\theta_u - \theta_i) + UI\cos(2\omega t + \theta_u + \theta_i) \tag{4-38}$$

由于瞬时功率 $p(t)$ 是随时间而变换的量，难以测量，为了更直观地反映正弦稳态电路中的能量消耗与交换，工程上常用平均功率、无功功率和视在功率。其中，平均功率容易测得，功率表测得的就是平均功率。

（2）平均功率 P（W）

为了方便直观地反映电路消耗的功率大小，常采用瞬时功率在一个周期内的平均值来表示。

$$P = \frac{1}{T}\int_0^T p(t)\,\mathrm{d}t \tag{4-39}$$

平均功率是指一个周期内的瞬时功率的平均值，其中 T 为正弦电压或电流的周期。

将瞬时功率 $p(t)$ 的表达式代入式（4-39），可得平均功率 P 为

$$\begin{aligned}
P &= \frac{1}{T}\int_0^T p(t)\,\mathrm{d}t \\
&= \frac{1}{T}\int_0^T UI[\cos\varphi + \cos(2\omega t + \theta_u + \theta_i)]\,\mathrm{d}t \\
&= UI\cos\varphi
\end{aligned} \tag{4-40}$$

式中，$\lambda = \cos\varphi$ 为无源网络的功率因数，$\varphi = \theta_u - \theta_i$ 为无源网络的功率因数角。从式（4-40）可以看出平均功率的大小取决于电压、电流的有效值和相位差。平均功率的单位是瓦（W）。

平均功率有时也称为有功功率，它反映了网络能量消耗情况，因此平均功率还可用网络内部所有电阻消耗的平均功率之和表示，即

$$P = \sum P_R \tag{4-41}$$

（3）无功功率 Q（var）

二端网络中既存在能量消耗，也存在能量交换，平均功率反映网络能量消耗情况，能量交换的情况由无功功率来衡量。

无功功率定义为网络能量交换的最大速率，即

$$Q = UI\sin\varphi \tag{4-42}$$

无功功率的单位是乏（var），它反映能量交换情况，同样，无功功率还可用网络内电感、电容吸收的无功功率代数和来表示：

$$Q = \sum Q_L + \sum Q_C \tag{4-43}$$

（4）视在功率 $S(V \cdot A)$

视在功率表示电源设备的容量，同时还表示了可能输出的最大平均功率。它定义为

$$S = UI \tag{4-44}$$

视在功率的单位是伏安（$V \cdot A$）。对比平均功率、无功功率和视在功率的公式，不难发现

$$S = \sqrt{P^2 + Q^2} \tag{4-45}$$

注意：电路中平均功率和无功功率守恒，即

$$P = P_1 + P_2 + \cdots + P_n \tag{4-46}$$

$$Q = Q_1 + Q_2 + \cdots + Q_n \tag{4-47}$$

但视在功率不守恒，即

$$S \neq S_1 + S_2 + \cdots + S_n \tag{4-48}$$

例 4-17　某负载阻抗 $Z = (2+j2)\ \Omega$，与 $i_S(t) = 5\sqrt{2}\cos2t$ A 的电流源相连，试求电源提供给该网络的视在功率、网络的有功功率、无功功率、功率因数。

解：由已知可以得到电压、电流的有效值为

$$I_S = 5\ \text{A} \quad U = |Z|\,I_S = \sqrt{2^2 + 2^2} \times 5\ \text{V} = 10\sqrt{2}\ \text{V}$$

功率因数角为

$$\varphi = \arctan\left(\frac{2}{2}\right) = 45°$$

将以上条件代入功率的公式，可得

视在功率　　　　　$S = UI_S = 10\sqrt{2} \times 5\ \text{V} \cdot \text{A} = 50\sqrt{2}\ \text{V} \cdot \text{A}$

平均功率　　　　　$P = UI_S\cos\varphi = 10\sqrt{2} \times 5\cos(45°)\ \text{W} = 50\ \text{W}$

无功功率　　　　　$Q = UI_S\sin\varphi = 10\sqrt{2} \times 5\sin(45°)\ \text{var} = 50\ \text{var}$

功率因数　　　　　$\lambda = \cos\varphi = \cos45° = 0.707$

例 4-18　图 4-24a 所示正弦稳态电路中，若 $u_S(t) = 100\sqrt{2}\cos10^6 t$ V，$C = 0.1\ \mu\text{F}$，$L = 10\ \mu\text{H}$，$R = 10\ \Omega$。

（1）求 $i_1(t)$、$u_2(t)$ 的表达式。

（2）求电路消耗的平均功率。

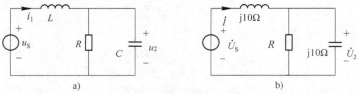

图 4-24　例 4-18 图

解：（1）求 $i_1(t)$、$u_2(t)$ 的表达式。

画出相量图如图 4-24b 所示，在图示参考方向下，有

$$\dot{I}_1 = \frac{\dot{U}_S}{j10+10//(-j10)} = \frac{100\angle 0°}{5+j5}\ \text{A} = \frac{20}{\sqrt{2}}\angle -45°\ \text{A}$$

$$\dot{U}_2 = 10//(-j10)\times \dot{I}_1 = 5\sqrt{2}\angle -45° \times \frac{20}{\sqrt{2}}\angle -45°\ \text{V} = 100\angle -90°\ \text{V}$$

$$i_1(t) = 20\cos(10^6 t - 45°)\ \text{A}$$

$$u_2(t) = 100\sqrt{2}\cos(10^6 t - 90°)\ \text{V}$$

（2）求电路消耗的平均功率。

平均功率可由电阻上所消耗的功率来计算：

$$P = \frac{U_2^2}{10} = \frac{100^2}{10}\ \text{W} = 1000\ \text{W}$$

4.5.2　正弦稳态最大功率传输条件

在电阻电路中讨论过电阻性网络为负载提供功率的最大功率传输问题，采用戴维南或诺顿等效电路表示供电电路，则得到结论，当负载电阻等于戴维南等效内阻时，获得最大功率。其分析思路在正弦稳态电路中也同样适用。

在工程上，常会涉及正弦稳态电路功率传输问题，需要研究负载在什么条件下可获得最大平均功率（有功功率）的问题。

如图 4-25a 所示，二端网络 N 外接可调负载 Z_L，根据戴维南定理可将其化简为如图 4-25b 所示的等效电路，并设等效电源电压和内阻抗已知，其中 $Z_0 = R_0 + jX_0$。下面分两种情况对最大功率问题进行讨论。

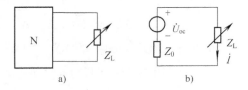

图 4-25　二端网络及等效电路

1. 共轭匹配

由图 4-25b，流经负载的电流为

$$\dot{I} = \frac{\dot{U}_{oc}}{(R_0+R_L)+j(X_0+X_L)} \tag{4-49}$$

负载所吸收的平均功率为

$$P_L = R_L I^2 = \frac{R_L U_{oc}^2}{(R_0+R_L)^2+(X_0+X_L)^2} \tag{4-50}$$

假设负载的实部和虚部分别可调，要使负载功率最大，由式（4-50）可知，必须满足负载获得最大功率的条件为

$$Z_L = Z_0^*$$ (4-51)

即需满足

$$\begin{cases} R_L = R_0 \\ X_L = -X_0 \end{cases}$$ (4-52)

当负载阻抗 Z_L 等于戴维南阻抗 Z_0 的共轭复数时，负载可获最大平均功率，这个条件称为**共轭匹配**，此时负载获得的最大功率为

$$P_{Lmax} = \frac{U_{oc}^2}{4R_0}$$ (4-53)

例 4-19　如图 4-26 所示的电路，$\dot{I}_S = 3\angle 0°\mathrm{A}$，求负载 Z_L 获得最大功率时的阻抗值及负载吸收功率。

解：ab 两端的开路电压 $\dot{U}_{oc}$

$$\dot{U}_{oc} = (2//\mathrm{j}2)\dot{I}_S = (1+\mathrm{j})\times 3\ \mathrm{V} = 3\sqrt{2}\angle 45°\mathrm{V}$$

ab 以左等效阻抗 Z_{ab}

$$Z_{ab} = (3+2//\mathrm{j}2)\ \Omega = (3+1+\mathrm{j})\ \Omega = (4+\mathrm{j})\ \Omega$$

因此，当 $Z_L = Z_{ab}^* = (4-\mathrm{j})\ \Omega$ 时，负载 Z_L 获得最大功率为

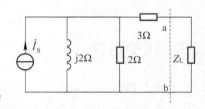

图 4-26　例 4-19 图

$$P_{Lmax} = \frac{(3\sqrt{2})^2}{4\times 4}\ \mathrm{W} = \frac{9}{8}\ \mathrm{W}$$

从上面的例题可以看出，求解最大功率传输类问题的思路是先求出除负载外的戴维南或诺顿等效电路，然后取负载阻抗 Z_L 值等于戴维南阻抗 Z_0 的共轭复数，并最终得到负载上获得的最大功率值 $P_{Lmax} = \dfrac{U_{oc}^2}{4R_0}$。

2. 模值匹配

若负载的阻抗角 φ_L 不变而其模可变，则令负载阻抗为

$$Z_L = |Z_L|\angle\varphi_L = |Z_L|\cos\varphi_L + \mathrm{j}|Z_L|\sin\varphi_L$$

由图 4-25b 可知，此时电路中的电流和负载吸收功率为

$$\dot{I} = \frac{\dot{U}_{oc}}{(R_0 + |Z_L|\cos\varphi_L) + \mathrm{j}(X_0 + |Z_L|\sin\varphi_L)}$$

$$P_L = |Z_L|\cos\varphi_L I^2 = \frac{|Z_L|\cos\varphi_L U_{oc}^2}{(R_0 + |Z_L|\cos\varphi_L)^2 + (X_0 + |Z_L|\sin\varphi_L)^2}$$

由极值定理可以得到负载获得最大功率的条件为

$$|Z_L| = |Z_0|$$

此时，负载获得的最大功率为

$$P_{Lmax} = \frac{|Z_0|\cos\varphi_L U_{oc}^2}{(R_0 + |Z_0|\cos\varphi_L)^2 + (X_0 + |Z_0|\sin\varphi_L)^2}$$ (4-54)

例 4-20　电路如图 4-27 所示，求模值匹配时 Z_L 的值（已知 $\varphi_L = 0°$）和它获得的最大平均功率。

解：首先将负载两端左侧的有源一端口正弦稳态电路用戴维南等效电路替代，则开路电压和等效阻抗为

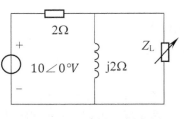

$$\dot{U}_{oc} = \frac{j2}{2+j2} \times 10 \text{ V} = 5\sqrt{2} \angle 45°\text{V}$$

$$Z_0 = \frac{2 \times j2}{2+j2} \Omega = (1+j) \Omega$$

图 4-27 例 4-20 图

则模值匹配条件为当 $|Z_L| = |Z_{eq}| = \sqrt{2}\,\Omega$ 时，有

$$P_{Lmax} = \frac{|Z_0|\cos\varphi_L U_{oc}^2}{(R_0 + |Z_0|\cos\varphi_L)^2 + (X_0 + |Z_0|\sin\varphi_L)^2}$$

$$= \frac{\sqrt{2} \times (5\sqrt{2})^2}{(1+\sqrt{2})^2 + (1+0)^2} \text{ W} = 10.35 \text{ W}$$

4.6 三相电路

三相电路是由三相电源、三相负载和三相传输线路组成的电路。三相电路在发电、输配电线路及大功率用电设备等各国的电力系统中得到了广泛的应用。三相制之所以得到普遍应用，主要是以下几个原因：首先世界各国几乎所有的电厂生产和配送都是三相电，当需要单相或双相电时，可从三相系统中提取；其次在输配电方面，三相电路可以节约铜线，三相变压器比单相变压器价格经济；最后是三相电动机结构简单、运转平稳。因此三相系统是目前应用最广泛的多相系统。本节首先介绍三相电源，然后重点对对称三相电路进行分析和研究，最后介绍基本的安全用电常识。

4.6.1 对称三相电源

1. 对称三相电源

对称三相电源是由三相交流发电机组产生的，由 3 个同频率、等振幅而相位依次相差 120°的正弦电源按一定连接方式组成。各相电压源电压分别为 $u_A(t)$、$u_B(t)$ 和 $u_C(t)$，依次称为 A 相、B 相和 C 相的电压。

由于三相电压相位彼此相差 120°，因此若设 A 相电源初相位为零，则三相电压的瞬时表达式为

$$u_A(t) = \sqrt{2}\,U_p\cos\omega t$$

$$u_B(t) = \sqrt{2}\,U_p\cos(\omega t - 120°) \tag{4-55}$$

$$u_C(t) = \sqrt{2}\,U_p\cos(\omega t + 120°)$$

A、B、C 各相电压波形如图 4-28 所示。

由上述瞬时表达式得到三相电压的相量表达式为

$$\dot{U}_A = U_p \angle 0°$$

$$\dot{U}_B = U_p \angle -120° \tag{4-56}$$

$$\dot{U}_C = U_p \angle 120°$$

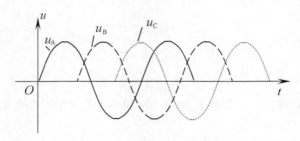

图 4-28 A、B、C 各相电压波形图

其相量图如图 4-29 所示。

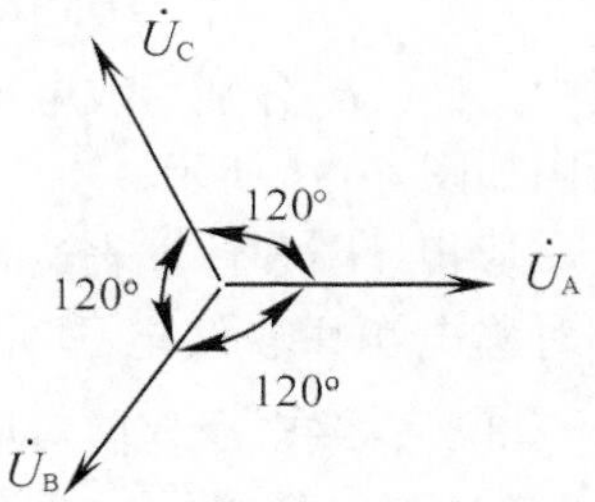

根据三相电压的瞬时表达式和相量图可以得到对称三相电压的一个重要特点为

$$u_A(t) + u_B(t) + u_C(t) = 0 \qquad (4\text{-}57)$$

对应的相量形式，有

$$\dot{U}_A + \dot{U}_B + \dot{U}_C = 0 \qquad (4\text{-}58)$$

即在任一瞬间，对称三相电压之和恒等于 0。

2. 对称三相电源的连接

三相系统中的三相电源有两种连接方式：丫（星形）联结和 △（三角形）联结，如图 4-30 所示。下面首先讨论丫联结电压源。

图 4-29 三相电源电压相量图

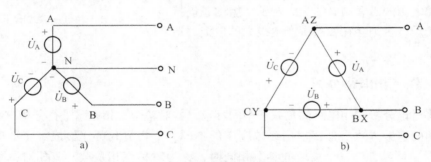

图 4-30 三相电源的两种连接方式
a）丫联结 b）△联结

（1）三相电源的丫联结

如图 4-30a 所示这种连接方式称为丫联结。连在一起的三相定子绕组的末端用 N 表示，这一连接点称为中性点，中性点 N 引出的线称为中性线，A、B、C 三端引出的三根线称为端线，A、B、C 各端线与中性线 N 间的电压 $\dot{U}_A$、$\dot{U}_B$、$\dot{U}_C$ 称为相电压，各端线 AB、BC、CA 间的电压 $\dot{U}_{AB}$、$\dot{U}_{BC}$、$\dot{U}_{CA}$ 称为线电压。

各相电压具有相同的幅度和频率，相位彼此相差 120°，这组相电压为对称的，可表示为

$$\dot{U}_{\mathrm{A}} = U_{\mathrm{p}} \angle 0°$$

$$\dot{U}_{\mathrm{B}} = U_{\mathrm{p}} \angle -120° \qquad\qquad (4-59)$$

$$\dot{U}_{\mathrm{C}} = U_{\mathrm{p}} \angle 120°$$

线电压也是一组对称的、相位彼此相差 120° 的电压，线电压的大小可由相电压来表示和求解。

$$\dot{U}_{\mathrm{AB}} = \dot{U}_{\mathrm{A}} - \dot{U}_{\mathrm{B}} = U_{\mathrm{p}} \angle 0° - U_{\mathrm{p}} \angle -120° = \sqrt{3}\, U_{\mathrm{p}} \angle 30° = U_{1} \angle 30°$$

$$\dot{U}_{\mathrm{BC}} = \dot{U}_{\mathrm{B}} - \dot{U}_{\mathrm{C}} = U_{\mathrm{p}} \angle -120° - U_{\mathrm{p}} \angle 120° = \sqrt{3}\, U_{\mathrm{p}} \angle -90° = U_{1} \angle -90° \qquad (4-60)$$

$$\dot{U}_{\mathrm{CA}} = \dot{U}_{\mathrm{C}} - \dot{U}_{\mathrm{A}} = U_{\mathrm{p}} \angle 120° - U_{\mathrm{p}} \angle 0° = \sqrt{3}\, U_{\mathrm{p}} \angle 150° = U_{1} \angle 150°$$

式中，U_1、U_{p} 分别为线电压和相电压的有效值，其相量图如图 4-31 所示。

从相量图和计算表达式可以看出，在 丫 联结的三相对称电源中，线电压对称，相电压也对称，并且 $U_1 = \sqrt{3}\, U_{\mathrm{p}}$，线电压超前对应相电压 30°。

（2）三相电源的 △ 联结

如图 4-30b 所示依次相连的这种连接方式称为三角形联结。三角形联结没有中性点，线电压等于相电压。在三相电源的 △ 联结必须注意定子绕组的正确接法，不能接反，否则会在回路中产生很大的电流，造成严重后果。

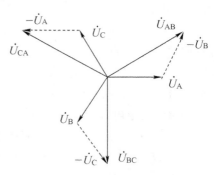

图 4-31　相电压和线电压相量图

4.6.2 对称三相电路分析

本节将讨论分析三相电路的负载和中间环节，并对整个三相电路进行分析求解。

与电源的连接方式类似，根据终端应用的不同，三相负载可连接成 丫（星形）联结或 △（三角形）联结，当三个负载的参数相同时，称为对称三相负载。三相对称负载与三相对称电源连接后就组成了三相对称电路。由于电源和负载的不同接法，由于负载也有 丫 联结和 △ 联结两种连接方式，因此三相电路可有 4 种情况，这里主要讨论 丫-丫 联结对称三相电路。

图 4-32 所示电路电源为 丫 联结对称三相电源，Z 为负载阻抗，Z_{N} 为中性线阻抗，由于负载阻抗大小和相位相等，且连接方式也为 丫 联结，因此为 丫-丫 联结。

在分析图 4-32 之前，先介绍几个名词。

相电压：负载上的电压，其有效值常记为 U_{p}。

相电流：负载上的电流，其有效值常记为 I_{p}。

线电流：端线上电流，其有效值常记为 I_1。

在图 4-32 所示电路中，可列出 NN' 两个节点的节点方程，得到以下结论：

$$\dot{U}_{\mathrm{N'N}} = 0 \qquad\qquad (4-61)$$

且

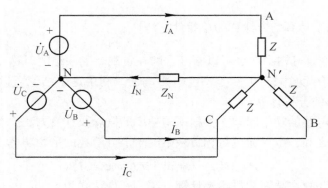

图 4-32 Y-Y联结电路

$$\dot{I}_{N'N} = \frac{\dot{U}_{N'N}}{Z_N} = 0 \qquad (4\text{-}62)$$

由 $\dot{U}_{N'N} = 0$ 可知：N'、N 为等电位点。故分析这类电路时，可以用短路线连上 N'、N，即用短路线代替中性线阻抗 Z_N，将图 4-32 变为图 4-33 所示的情况进行分析。

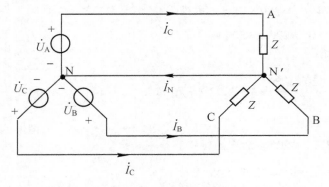

图 4-33 Y-Y联结电路图（$\dot{U}_{N'N} = 0$）

图 4-33 中，负载相电压等于电源的相电压，相电流等于线电流。即 $I_p = I_1$，$U_p = \dfrac{1}{\sqrt{3}} U_1$。

且每一相负载和其对应的单相电源构成一个闭合回路。因此线（相）电流可在 A 相回路、B 相回路、C 相回路中分别求得。

若设电源电压 $\dot{U}_A = U_p \angle 0°$，负载 $Z = R + jX = |Z| \angle \varphi$，则

$$\dot{I}_A = \frac{\dot{U}_A}{Z} = \frac{U_p}{|Z|} \angle -\varphi = I_p \angle -\varphi \qquad (4\text{-}63)$$

再由三相电路对称性可知

$$\dot{I}_B = \frac{\dot{U}_B}{Z} = I_p \angle (-120° - \varphi)$$

$$\qquad (4\text{-}64)$$

$$\dot{I}_C = \frac{\dot{U}_C}{Z} = I_p \angle (120° - \varphi)$$

式中，$I_{\mathrm{p}} = \dfrac{U_{\mathrm{p}}}{|Z|}$。以上计算的方法称为单相计算法。

由 $\dot{I}_{\mathrm{N}} = 0$ 的结论，可知中性线可以断开，即在负载星形联结的对称三相电路中，有无中性线，且中性线上有无负载对电路是不会有影响的。利用这个结论可以用单相计算法简化 $\curlyvee$ - $\curlyvee$ 联结三相电路的分析计算。

下面讨论三相电路的功率问题。根据平均功率的概念及计算方法，总平均功率可通过每相负载的平均功率之和，也可通过每相负载中电阻部分消耗的平均功率之和进行计算。即

$$P = 3U_{\mathrm{p}}I_{\mathrm{p}}\cos\varphi = \sqrt{3}\,U_{\mathrm{l}}I_{\mathrm{l}}\cos\varphi = 3I_{\mathrm{p}}^2 R \qquad (4-65)$$

根据无功功率和视在功率的概念及计算方法，其表达式为

无功功率 $$Q = 3U_{\mathrm{p}}I_{\mathrm{p}}\sin\varphi = \sqrt{3}\,U_{\mathrm{l}}I_{\mathrm{l}}\sin\varphi \qquad (4-66)$$

视在功率 $$S = 3U_{\mathrm{p}}I_{\mathrm{p}} = \sqrt{3}\,U_{\mathrm{l}}I_{\mathrm{l}} \qquad (4-67)$$

例 4-21 $\curlyvee$ - $\curlyvee$ 联结的三相电路，其负载连接如图 4-34 所示。已知 $Z = (5+\mathrm{j}5)\ \Omega$，$\dot{U}_{\mathrm{AB}} = 380\angle 0° \mathrm{V}$。求各线（相）电流及三相负载的总平均功率 P。

解：对称三相电路，可先计算一相再通过对称性求解其余的量。由题已知 $\dot{U}_{\mathrm{AB}} = 380\angle 0° \mathrm{V}$，可推出

$$\dot{U}_{\mathrm{A}} = 220\angle -30° \mathrm{V}$$

在 A 相的回路里可得

$$\dot{I}_{\mathrm{A}} = \frac{\dot{U}_{\mathrm{A}}}{Z} = \frac{220\angle -30°}{5+\mathrm{j}5}\mathrm{A} = 22\sqrt{2}\angle -75° \mathrm{A}$$

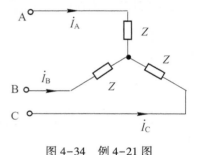

图 4-34　例 4-21 图

根据对称性，得

$$\dot{I}_{\mathrm{B}} = \dot{I}_{\mathrm{A}}\angle -120° = 22\sqrt{2}\angle 165° \mathrm{A}$$

$$\dot{I}_{\mathrm{C}} = \dot{I}_{\mathrm{A}}\angle 120° = 22\sqrt{2}\angle 45° \mathrm{A}$$

三相负载的总平均功率 P 可通过每相负载中电阻部分消耗的平均功率之和进行计算，得

$$P = 3I_{\mathrm{p}}^2 R = 3\times\left(22\sqrt{2}\right)^2\times 5\ \mathrm{W} = 14520\ \mathrm{W}$$

综合上面的例题可以得到结论：三相电路可以看成是三个同频率正弦电源共同作用下的正弦电流电路，用复杂交流电路分析方法，结合三相电路的对称性，可以解决三相电路的分析问题。

4.6.3　安全用电常识

当今社会，电已成为人们生活中不可或缺的部分，人们几乎无时无处不与各类电气设备或电子产品接触，如果不小心触及带电物体或带电部分，有可能会发生触电事故，危及人的生命。因此对现代社会的每个人来说，掌握基本的安全用电常识是非常有必要的。

1. 电流对人体的影响和伤害

人体是导体，人体触及带电体时，就有电流通过人体。那是否只要有电流通过人体，就叫触电呢？答案是否定的。通过人体的电流达到一定值时对人体的伤害事故叫作触电。这点

可通过国内外众多研究所得数据看出，见表4-1。

表4-1 通过人体的电流对人体的影响

通过人体的电流/mA	对人体产生的影响
0~0.5	人体感觉不到电流，没有危险
0.5~1	开始有感觉
1	有麻痛的感觉
5~7	手部痉挛
8~10	手部剧痛，勉强能摆脱电源，不致造成事故
20~25	手迅速麻痹，不能摆脱电源，呼吸困难
大于30	感觉麻痹或剧痛，呼吸困难，有生命危险
100	极短时间就能使心跳停止

从表4-1可以看出，电流对人体的伤害与通过人体的电流大小有关，通过人体的电流越大，对人体的影响和伤害越大。当通过人体的电流大小超过30 mA时，人体就有生命危险。

除此之外，在触电事故中，人体的损伤程度还与电流持续时间、安全电压、通过人体的电流途径、通过人体的电流频率等因素有关。

（1）电流持续时间

通电时间长短也与人体触电损伤程度有密切关系。通电时间越短，对人体的影响越小，反之损伤程度越严重。

（2）安全电压

安全电压是指不使人直接致死或致残的电压。从上面的分析可知，当通过人体的电流大于30 mA时，将有生命危险。如果人体电阻按照1200 Ω来计算，通常情况下人体的安全电压应该是36 V。在潮湿、有腐蚀性气体的地方安全电压则为24 V，甚至12 V以下。因此，安全电压并不是在所有环境和条件下对人体都不会造成致命伤害，而是与个体因素和环境因素有关，在不同的环境下，对安全电压的要求也会不同。我国规定的安全电压等级有42 V、36 V、24 V、12 V、6 V五种。当电气设备采用的电压超过安全电压时，必须按规定采取防止直接接触带电体的保护措施。

（3）通过人体的电流途径

人体不同部位触电，会造成通过人体的电流途径不同，流经的电流也不同，因此对人体的伤害程度也会不一样。当电流通过心脏或接近心脏，以及通过肺和中枢神经系统时，对人体的伤害会较严重。

（4）通过人体的电流频率

交流电对人体的损害程度比直流电大，不同频率的交流电对人体的影响也不同，即电流对人体的伤害与通过的电流频率相关。

2. 触电形式

在触电事故中，电流对心脏影响最大，因此，电流从一只手流到另一只手，或者是从手到脚都是很危险的情况，容易造成触电伤亡事故。

通常，人们日常生活中的触电事故主要是低压触电，按照人体触及带电体的方式，触电一般分为单线触电和双线触电两种方式。

（1）单线触电

站在地上的人触到相线，则电流由相线进入人体到地，经地线形成回路，造成触电事故。

（2）双线触电

站在绝缘体上的人若同时触到两根相线，电流从一相导体通过人体流入另一相导体而形成回路，造成触电事故。

以上单线触电和双线触电都是属于直接接触触电事故，就是指人体直接接触到电气设备正常带电部分引起的触电事故。在触电事故中，除了直接接触触电事故外，还有一种是间接接触触电事故。

间接接触触电事故是指人体接触到正常情况下不带电、仅在事故情况下才会带电的部分而发生的触电事故。如接触了由于老化而引起故障的电气设备外露金属部分，从而造成触电事故的情况。

3. 事故防护

通常家庭电路中的触电事故都是直接或间接与相线接触而造成的。因此日常用电时，应特别警惕的是本来不该带电的物体带了电，本来是绝缘的物体却不绝缘了。所以应注意以下几点。

1）防止灯座、插头、电线等绝缘部分损坏。

2）保持绝缘部分干燥。

3）避免电线跟其他金属物接触。

4）定期检查、及时维修线路及用电设备。

在日常电气设备使用中应严格遵守电气设备的操作规程，经常检查和检测设备的运行情况，并定期对设备进行维修来减少和防备用电安全事故和灾害的发生。

习题

4-1　已知正弦交流电的频率是 60 Hz，试求该正弦交流电的角频率。

4-2　已知正弦电压 $u(t) = 100\cos(314t+30°)$ V，求正弦电压的振幅、角频率和初相。

4-3　写出下列正弦电压和电流的瞬时表达式。

（1）$U_m = 20$ V，$f = 50$ Hz，$\theta_u = 30°$。

（2）$I = 15$ A，$\omega = 10^3$ rad/s，$\theta_i = 45°$。

4-4　已知某电路的电压和电流分别为 $u(t) = 2\sqrt{2}\cos(2t)$ V，$i(t) = 10\cos(2t-37°)$ A，求正弦电压与电流的相位差，画出波形图。

4-5　正弦电压的振幅 $U_m = 2$ V，角频率 $\omega = 10^3$ rad/s，初相角 $\theta_u = 60°$，写出其瞬时表达式，并求电压的有效值 U。

4-6　试用相量来表示下列正弦量。

（1）$u(t) = 10\sqrt{2}\cos(\omega t+37°)$ V　　　（2）$i(t) = 50\cos(\omega t-15°)$ A

4-7　写出下列相量所代表的正弦信号，设角频率为 ω。

（1）$\dot{I}_m = (5+j5)$ A。

（2）$\dot{I} = (4-j2)$ A。

4-8　将电压 $u(t) = 20\cos(100t+30°)$ V 作用在 0.1 H 电感两端，电感两端电压、电流为关联参考方向，试求流过该电感的稳态电流。

4-9　将电压 $u(t) = 8\cos(10^3t-45°)$ V 作用在 50 μF 电容两端，电容两端电压、电流为关联参考方向，试求流过该电容的稳态电流。

4-10　电路如题 4-10 图所示，已知 $u_S = \cos(2t+30°)$ V，试求电流 i_2。

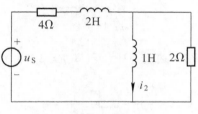

题 4-10 图

4-11　题 4-11 图所示方框内可能是一个电阻、一个电感或一个电容。已知电流 $i = 2\cos(10^3t-60°)$ A，电压 $u = 20\sin(10^3t+120°)$ V，则该元件为何元件？量值是多少？

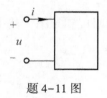

题 4-11 图

4-12　题 4-12 图所示稳态电路中，电压 $u_S = 10\cos 10^6t$ V，求输出电压有效值 U_C。

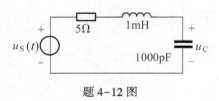

题 4-12 图

4-13　电路如题 4-13 图所示，已知 $R = 50$ Ω，$L = 2.5$ mH，$C = 5$ μF，电源电压 $\dot{U} = 10\angle 0°$V，角频率 $\omega = 10^4$rad/s，求电流 $\dot{I}_R$、$\dot{I}_L$、$\dot{I}_C$ 和 $\dot{I}$。

4-14　如题 4-14 图所示的无独立源的二端网络 N 中，若端口电压 $u(t)$ 和电流 $i(t)$ 分别有以下两种情况，求各种情况下的阻抗和导纳。

（1）$u(t) = 20\cos\pi t$ V，$i(t) = 5\cos\pi t$ A。

（2）$u(t) = 12\cos(10t+60°)$V，$i(t) = 6\cos(10t+30°)$A

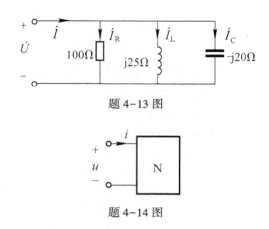

题 4-13 图

题 4-14 图

4-15　题 4-15 图所示正弦电路稳态中，已知 $R = 2\,\Omega$，$X_L = 4\,\Omega$，$X_C = 3\,\Omega$，则该电路的等效阻抗是多少？

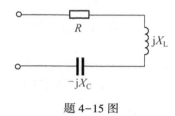

题 4-15 图

4-16　求如题 4-16 图中 ab 端的阻抗和导纳，其中 $\omega = 2\,\text{rad/s}$。

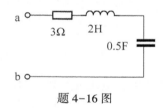

题 4-16 图

4-17　求题 4-17 图所示网络 ab 端口的等效阻抗 Z_{ab}。

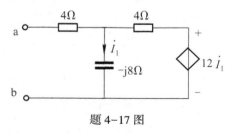

题 4-17 图

4-18　如题 4-18 图所示的电路，设伏特计内阻为无限大，已知伏特计读数依次为 3 V、6 V、10 V，求电源电压的有效值。

4-19　如题 4-19 图所示正弦稳态电路中，电流表 A_2、A_3 的读数分别为 1.5 A、2 A。求电流表 A_1 的读数。

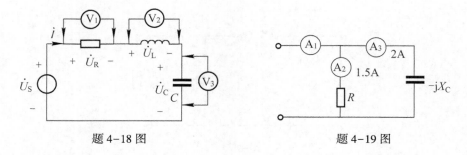

题 4-18 图   题 4-19 图

4-20 已知 RLC 串联的正弦交流电路中,总电压 $U_S = 20\ V$,$U_R = 12\ V$,$U_L = 8\ V$。求电容电压 U_C 的值。

4-21 如题 4-21 图所示电路,测得 $U_2 = 40\ V$,$U = 50\ V$,求电压 U_1。

题 4-21 图

4-22 如题 4-22 图所示,$i_S(t) = 5\sqrt{2}\cos 10t\ A$,求 $i(t)$。

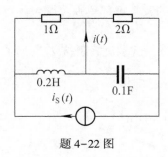

题 4-22 图

4-23 如题 4-23 图所示的稳态电路,$i_S(t) = 5\cos 20t\ A$,$u_S(t) = 5\cos 10t\ V$,求 $u(t)$。

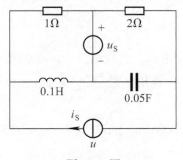

题 4-23 图

4-24 题 4-24 图所示正弦稳态电路中,已知电压有效值 $U = U_L = U_C = 200\ V$,$\omega = 1000\ rad/s$,$L = 0.4\ H$,$C = 5\ \mu F$,求各支路电流有效值及阻抗 Z。

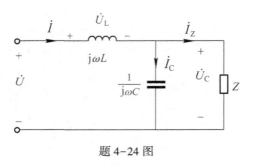

题 4-24 图

4-25　如题 4-25 图所示电路，若 $\dot{U} = (10+j5)\,\text{V}$，$\dot{I} = (2+j1)\,\text{A}$，求电路 N 吸收的功率 P。

4-26　如题 4-26 图所示电路，若 $u(t) = 10\cos(\omega t + 15°)\,\text{V}$，$i(t) = 2\sqrt{2}\cos(\omega t + 75°)\,\text{A}$，求电路 N 吸收的平均功率 P。

题 4-25 图　　　　　　　　　题 4-26 图

4-27　题 4-27 图示电路 Z_L 的实、虚部单独可调，问：Z_L 调整为何值时才能获得最大功率？其最大功率为多少？

4-28　如题 4-28 图所示电路，试求负载阻抗 Z_L 为何值时获得的功率最大，并求出此最大功率。

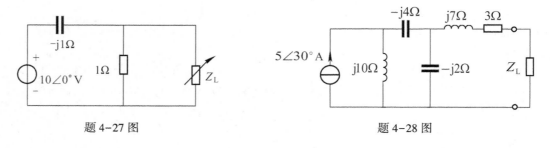

题 4-27 图　　　　　　　　　题 4-28 图

4-29　星形联结的三相交流电源，若线电压 $u_{BC} = 380\sqrt{2}\cos\omega t\,\text{V}$，试求相电压 u_B。

4-30　对称三相电源接于丫对称负载，$\dot{U}_{AB} = 380\angle 0°\,\text{V}$，$\dot{I} = 10\angle 0°\,\text{A}$，求每相阻抗的值。

4-31　丫-丫联结对称三相电路中，已知 $\dot{U}_{AB} = 380\angle 0°\,\text{V}$，$\dot{I}_A = 2\angle -30°\,\text{A}$，求三相电路有功功率 P。

第5章 耦合电感和理想变压器

前面各章节介绍的电路有个共性特点，均为传导耦合电路，即一个回路通过电流传导来影响其他相邻回路。而当两个相互不接触回路之间通过磁场而相互产生影响时，这种电路就称为磁耦合电路。耦合电感和理想变压器都属于磁耦合电路。它们由一条以上的支路构成，且一条支路上的电压和电流与其他支路的电压和电流有直接关系。本章首先介绍互感现象，接着介绍耦合电感的概念和参数、同名端以及耦合电感的端口伏安关系，讨论含耦合电感的正弦稳态电路的分析，然后介绍理想变压器概念及其端口伏安关系，最后通过例题讨论理想变压器基本性质在变压、变流及阻抗匹配中的应用。

5.1 互感现象

先讨论一个由 N 匝线圈构成的独立电感，当电流 i 通过该电感时，根据右手螺旋法则，可产生如图 5-1 所示的磁通 Φ。由于是由线圈自身的电流变化，导致磁链发生变化而在线圈自身感应出电压，因此称该现象为自感现象。

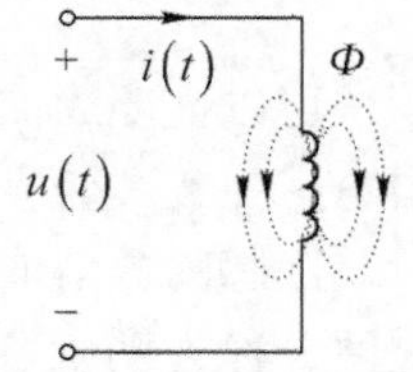

由法拉第电磁感应定律，可得该线圈的感应电压与线圈的匝数及磁通 Φ 关于时间的变化率成正比，即

$$u = N \frac{\mathrm{d}\Phi}{\mathrm{d}t} \tag{5-1}$$

由于线圈缠绕在磁性线性材料上（即磁导率为常数的材料），它的特点是磁通量与线圈内电流成正比。则上式可改写为

图 5-1 自感现象

$$u = N \frac{\mathrm{d}\Phi}{\mathrm{d}i} \times \frac{\mathrm{d}i}{\mathrm{d}t} \tag{5-2}$$

根据线性电感的定义有

$$L = \frac{\psi}{i} = N \frac{\Phi}{i} \tag{5-3}$$

即

$$u = L \frac{\mathrm{d}i}{\mathrm{d}t} \tag{5-4}$$

式中，电感 L 描述了线圈自身电流与自身感应电压之间的关系，因此被称为自感。下面将已知匝数分别为 N_1 和 N_2，自感分别为 L_1 和 L_2 的两个线圈相互靠近。为简化分析，先假设线圈 2 开路，仅线圈 1 通以交变电流 i_1，此时由 i_1 产生的磁通量 Φ 将分为两部分，一部分仅与线圈 1 自身交链，记为 Φ_{11}；另一部分与两个线圈均交链，记为 Φ_{21}，如图 5-2 所示，即

$$\Phi_1 = \Phi_{11} + \Phi_{21} \tag{5-5}$$

不难发现，线圈 1 上的感应电压为其自感电压，即

$$u_1 = L_1 \frac{\mathrm{d}i_1}{\mathrm{d}t} \tag{5-6}$$

而由法拉第电磁感应定律，可得线圈 2 的感应电压如下：

$$u_2 = N_2 \frac{\mathrm{d}\Phi_{21}}{\mathrm{d}t} = N_2 \frac{\mathrm{d}\Phi_{21}}{\mathrm{d}i_1} \times \frac{\mathrm{d}i_1}{\mathrm{d}t}$$

$$= N_2 \frac{\Phi_{21}}{i_1} \times \frac{\mathrm{d}i_1}{\mathrm{d}t} \tag{5-7}$$

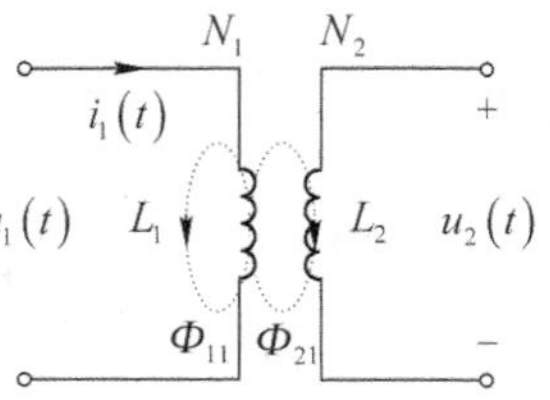

图 5-2　互感现象

其中，令

$$M_{21} = \frac{\psi_{21}}{i_1} = N_2 \frac{\Phi_{21}}{i_1} \tag{5-8}$$

则有，线圈 2 的开路电压为

$$u_2 = M_{21} \frac{\mathrm{d}i_1}{\mathrm{d}t} \tag{5-9}$$

像这样，两个靠得很近的线圈，电流在一个线圈中引起的磁通量对另一个线圈产生影响，从而在另一个线圈上产生感应电压，这种现象称为互感现象。而相应地，将 M_{21} 称为线圈 2 相对于线圈 1 的互感。同理，若线圈 2 通以交变电流 i_2，线圈 1 开路，则在线圈 1 两端也会产生互感电压，该开路互感电压的表达式为

$$u_1 = M_{12} \frac{\mathrm{d}i_2}{\mathrm{d}t} \tag{5-10}$$

可以证明 M_{12} 和 M_{21} 是相等的，所以不再区分彼此，而统一用 M 表示互感，互感的单位与自感一致，为亨利（H）。

互感的数值取决于两线圈的耦合程度，由此我们定义一种表明两线圈间耦合紧密程度的量度，称为耦合系数，用字母 k 表示。耦合系数 k 为线圈与另一个线圈交链部分磁链与线圈产生的总磁链间的比值，即

$$k = \sqrt{\frac{\psi_{12} \times \psi_{21}}{\psi_{11} \times \psi_{22}}} = \sqrt{\frac{N_1 \Phi_{12} \times N_2 \Phi_{21}}{N_1 \Phi_{11} \times N_2 \Phi_{22}}} = \sqrt{\frac{\Phi_{21}}{\Phi_{11}} \cdot \frac{\Phi_{12}}{\Phi_{22}}} \tag{5-11}$$

式中，ψ_{11} 和 ψ_{22} 是两线圈本身电流所产生的磁通，称为自感磁通；ψ_{12} 和 ψ_{21} 是两个线圈的电流在对方所产生的磁通，称为互感磁通。

当线圈产生的磁通全部与另一个线圈交链时，即 $\Phi_{11} = \Phi_{21}$，$\Phi_{22} = \Phi_{12}$，由式（5-11）可得耦合系数 $k = 1$，两线圈耦合程度最高；当两线圈磁通互不交链，相互之间无影响时，耦合系数 $k = 0$，无耦合；当 $0 < k < 0.5$ 时，称两线圈松耦合；当 $0.5 < k < 1$ 时，称两线圈紧耦合。耦合系数 k 的大小取决于两线圈间的距离、相对位置、磁心材料以及缠绕方式等。在电力系统中使用的变压器，为了更有效地传输功率，大多数都是紧耦合的，一般采用铁磁性材料制成铁心，以期使耦合系数尽量接近于 1；而在射频电路中使用的空心变压器一般都是松耦合的。

由互感的定义，还可将式（5-11）写为

$$k = \sqrt{\frac{\psi_{12} \times \psi_{21}}{\psi_{11} \times \psi_{22}}} = \sqrt{\frac{Mi_2 \times Mi_1}{L_1 i_1 \times L_2 i_2}} = \frac{M}{\sqrt{L_1 L_2}} \tag{5-12}$$

也就是说，当 L_1 和 L_2 一定时，调节 k 值就相当于改变互感 M。同时互感 $M \leqslant \sqrt{L_1 L_2}$，即互感不大于线圈自感的几何平均值。

5.2 耦合电感元件

5.2.1 耦合电感的端口伏安关系

5.1 节中我们介绍了互感现象，并通过互感 M 和耦合系数 k 的定义，描述了相邻两线圈在对方线圈两端感应电压的能力及耦合程度。而电路理论中的耦合电感元件正是从实际耦合线圈中抽象而来的理想化模型。所谓耦合线圈，是指两个或者两个以上具有互感现象的线圈，若忽略这些线圈本身的电阻和匝间分布电容，就可以将它们抽象化为理想的耦合电感元件。对于耦合电感元件而言，每个电感元件的磁通都可以表示为自感磁通和互感磁通的代数和，而根据互感的定义，自感磁通和互感磁通均与电流之间呈线性函数关系。

对图 5-3 所示的两个线圈，两线圈端口电压、电流的参考方向均为关联参考方向，电流 i_1 从 u_1 正极性端流入，同时电流 i_2 从 u_2 正极性端流入，两线圈电流产生的磁通方向一致，这种情况被称为磁通相助，即

$$\psi_1 = \psi_{11} + \psi_{12} = L_1 i_1 + M i_2$$
$$\psi_2 = \psi_{22} + \psi_{21} = L_2 i_2 + M i_1$$

（5-13）

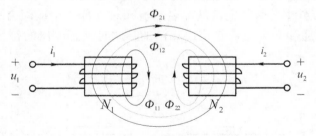

图 5-3　磁通相助

此时，互感电压和自感电压同极性。根据电磁感应定律，得伏安关系式为

$$u_1 = \frac{\mathrm{d}\psi_1}{\mathrm{d}t} = L_1 \frac{\mathrm{d}i_1}{\mathrm{d}t} + M \frac{\mathrm{d}i_2}{\mathrm{d}t}$$
$$u_2 = \frac{\mathrm{d}\psi_2}{\mathrm{d}t} = L_2 \frac{\mathrm{d}i_2}{\mathrm{d}t} + M \frac{\mathrm{d}i_1}{\mathrm{d}t}$$

（5-14）

反之，如图 5-4 所示，电流 i_1 从 u_1 正极性端流入，同时电流 i_2 从 u_2 正极性端流出，两线圈电流产生的磁通方向相反，这种情况被称为磁通相消。也就是说，两线圈电流若一个从同名端流入，另一个从同名端流出，则削弱了线圈自身磁场，见式（5-15）。

$$\psi_1 = \psi_{11} - \psi_{12} = L_1 i_1 - M i_2$$
$$\psi_2 = \psi_{22} - \psi_{21} = L_2 i_2 - M i_1$$

（5-15）

此时，互感电压和自感电压反极性。根据电磁感应定律，得伏安关系式为

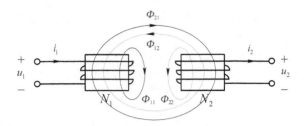

图 5-4   磁通相消

$$u_1 = \frac{\mathrm{d}\psi_1}{\mathrm{d}t} = L_1 \frac{\mathrm{d}i_1}{\mathrm{d}t} - M \frac{\mathrm{d}i_2}{\mathrm{d}t}$$

$$u_2 = \frac{\mathrm{d}\psi_2}{\mathrm{d}t} = L_2 \frac{\mathrm{d}i_2}{\mathrm{d}t} - M \frac{\mathrm{d}i_1}{\mathrm{d}t}$$

(5-16)

由于互感现象的存在，线圈两端的电压由自感电压和互感电压两部分组成。自感电压的极性可由线圈自身的端口电压和电流参考方向是否关联来判断，方法和列写电感 VCR 一致；而确定互感电压的极性并不容易，需要知道两个线圈的相对位置、导线缠绕方向等。然而在实际中，耦合线圈往往是密封的，无法看到线圈或导线绕向，于是人们定义了一种标志，即同名端，用 "·" "*" 或者 "Δ" 来表示，如图 5-5 和图 5-6 所示。具有标记的两个端钮成为同名端，否则成为异名端。同名端的定义是：当耦合电感元件中的两个电流都从同名端流入时，自感磁通和互感磁通是磁通相助的，此时互感电压的符号和自感电压的符号同号；反之，当耦合电感元件中的两个电流从异名端流入时（即一个从同名端流入，另一个从同名端流出），自感磁通和互感磁通是磁通相消的，此时互感电压的符号和自感电压的符号异号。

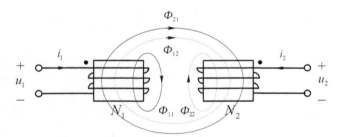

图 5-5   磁通相助时的同名端

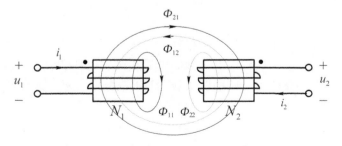

图 5-6   磁通相消时的同名端

例 5-1 如图 5-7a 所示耦合电感，请标出它的同名端。

解：如图 5-7a 所示，假设线圈 N_1 电流从端子 1 流入，根据右手螺旋法则，产生磁通方向如图 5-7b 所示。

为使磁通相助，线圈 N_2 电流所产生的磁通方向应与 N_1 一致，再根据右手螺旋法则，可以判断线圈 N_2 电流的流向，而其中电流的流入端，也就是端子 3 应为端子 1 的同名端。

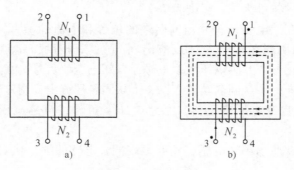

图 5-7　例 5-1 图

在规定了同名端之后，图 5-5 和图 5-6 的耦合线圈在电路模型中就可以用耦合电感元件来表示，如图 5-8a 和图 5-8b 所示。

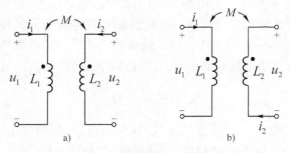

图 5-8　耦合电感元件符号

设耦合电感上电压和电流的参考方向关联。如图 5-8a 所示，耦合电感的端口伏安关系为

$$u_1 = L_1 \frac{\mathrm{d}i_1}{\mathrm{d}t} + M \frac{\mathrm{d}i_2}{\mathrm{d}t}$$

$$u_2 = L_2 \frac{\mathrm{d}i_2}{\mathrm{d}t} + M \frac{\mathrm{d}i_1}{\mathrm{d}t}$$

（5-17）

如图 5-8b 所示，耦合电感的端口伏安关系为

$$u_1 = L_1 \frac{\mathrm{d}i_1}{\mathrm{d}t} - M \frac{\mathrm{d}i_2}{\mathrm{d}t}$$

$$u_2 = -L_2 \frac{\mathrm{d}i_2}{\mathrm{d}t} + M \frac{\mathrm{d}i_1}{\mathrm{d}t}$$

（5-18）

关于耦合电感的端口伏安关系，这里要强调说明两点。

1）耦合电感的端口伏安关系符号并不固定，它与耦合电感的电压、电流参考方向的设置有关，同时还与耦合电感的同名端位置有关。

2）正确书写耦合电感的端口伏安关系是至关重要的，它由两部分组成：自感电压和互感电压。

先看自感电压：自感电压的符号由电压、电流的参考方向决定，若电压、电流参考方向相关联，则自感电压的符号为正，否则为负。

再看互感电压：互感电压的符号由同名端的位置和电流的参考方向来确定，若两线圈中电流的参考方向均从同名单流入（或流出），则磁通相助，此时互感电压和自感电压同号，即自感电压取正号，互感电压也取正号；自感电压取负号，互感电压也取负号；若两线圈中电流的参考方向一个从同名端流入，一个从同名端流出，则磁通相消，此时互感电压和自感电压异号，即自感电压取正号，互感电压取负号；自感电压取负号，互感电压取正号。

例 5-2　如图 5-9 所示耦合电感，试列写该耦合电感的端口伏安关系。

（1）若线圈 L_2 电流 i_2 为 0，则该耦合电感的端口伏安关系如何？

（2）若将端口电流 i_1 取反，则该耦合电感的端口伏安关系如何？

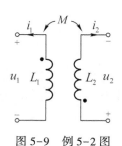

图 5-9　例 5-2 图

解：如图 5-9 所示，先写线圈 L_1 的端口电压 u_1。因为线圈 L_1 的端口电压 u_1 和端口电流 i_1 非关联，所以端口电压 u_1 的自感电压为负号。再观察同名端的位置和电流的参考方向，此时线圈 L_1 的电流从同名端流出，而线圈 L_2 的电流从同名端流入，属于磁通相消情况，则互感电压与自感电压异号，即互感电压应为正号。即线圈 L_1 的端口电压 u_1 为

$$u_1 = -L_1\frac{di_1}{dt} + M\frac{di_2}{dt}$$

再写线圈 L_2 的端口电压 u_2。因为线圈 L_2 的端口电压 u_2 和端口电流 i_2 关联，所以端口电压 u_2 的自感电压为正号。由于磁通相消，互感电压与自感电压异号，线圈 L_2 互感电压为负号。即线圈 L_2 的端口电压 u_2 为

$$u_2 = L_2\frac{di_2}{dt} - M\frac{di_1}{dt}$$

（1）若线圈 L_2 电流 i_2 为 0，对于线圈 L_1 来说，只存在自感现象，因此线圈 L_1 的端口电压 u_1 为

$$u_1 = -L_1\frac{di_1}{dt}$$

对于线圈 L_2 来说，只存在互感现象，因此线圈 L_2 的端口电压 u_2 为

$$u_2 = -M\frac{di_1}{dt}$$

（2）若将端口电流 i_1 取反，则因为线圈 L_1 的端口电压 u_1 和端口电流 i_1 关联，所以端口电压 u_1 的自感电压为正号；而两线圈电流均从同名端流进，属于磁通相助，则线圈 L_2 互感电压与自感电压同号，线圈 L_2 的端口电压 u_2 为正号。所以有

$$u_1 = L_1 \frac{\mathrm{d}i_1}{\mathrm{d}t}$$

$$u_2 = M \frac{\mathrm{d}i_1}{\mathrm{d}t}$$

由例 5-2，我们不难发现，互感电压的极性其实是由产生该互感电压电流的参考方向和同名端的位置所决定的。因此，互感电压的正极性端和产生该互感电压电流参考方向的流入端为同名端，此为同名端的第二种定义。从这一定义出发，再次对例 5-2 进行分析。

如图 5-10 所示，端口电流 i_1 从同名端流出，因此该电流产生的互感电压的正极性端应该在异名端，此时该互感电压的极性与端口电压 u_2 的极性相反，因此符号为负。端口电流 i_2 从同名端流入，因此该电流产生的互感电压的正极性端应该在同名端，此时该互感电压的极性与端口电压 u_1 的极性一致，因此符号为正。用同名端的第二种定义得到的结论与第一种定义下的结论完全一致。

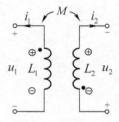

图 5-10　互感电压极性

例 5-3　耦合电感如图 5-11a 所示，若 $i_1(t) = 3\cos 2t\ \mathrm{A}$，则开路电压 $u(t)$ 为多少？

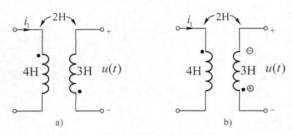

图 5-11　例 5-3 图

解：由于本题要求解的是 3H 线圈的开路电压，端口电流 $i_2 = 0$，因此对于 4H 线圈只存在自感现象，而对于 3H 线圈只存在互感现象。根据同名端的第二种定义，4H 线圈端口电流 i_1 的流入端与它所产生的互感电压的正极性端为同名端，由此可以判断互感电压的极性如图 5-11b 所示。则有

$$u_2 = -M \frac{\mathrm{d}i_1}{\mathrm{d}t} = -2 \frac{\mathrm{d}}{\mathrm{d}t}(3\cos 2t) = 12\sin 2t\ \mathrm{V}$$

5.2.2　耦合电感的去耦等效

在上节中我们推导了耦合电感元件的端口伏安关系，不难发现，每个线圈的电压不仅和自身电流的变化率有关，还与另一个线圈上电流的变化率有关。同时由于两个线圈电压、电流的参考方向以及同名端位置的不同，端口伏安关系的符号还会发生各种变化，这就给分析含有耦合电感的电路带来了麻烦，那么，能不能由电路的等效分析法将耦合电感等效为普通电感，再对电路进行分析呢？本节我们就来探讨这一问题。

1. 耦合电感的受控源等效

受控源是一种输出电压或电流受到电路中某部分的电压和电流控制的电源，耦合电感的

端口伏安关系中互感电压部分就满足受控源的定义，属于电流控制电压源（CCVS）。若用受控源表示互感电压，利用式（5-17）和式（5-18），就可以得到耦合电感的受控源等效模型如图5-12和图5-13所示。值得注意的是：受控源的极性是由同名端的第二种定义来判断的，如图5-12所示，电流 i_1 从同名端流进，因此电流 i_1 在线圈 L_2 上所产生互感电压的正极性端在同名端，同理电流 i_2 在线圈 L_1 上所产生互感电压的正极性端也在同名端。

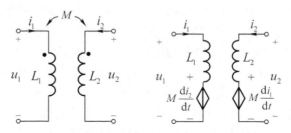

图 5-12　磁通相助耦合电感的受控源等效模型

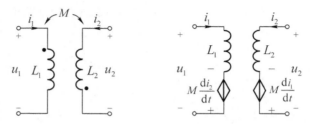

图 5-13　磁通相消耦合电感的受控源等效模型

2. 耦合电感的串联等效

耦合电感的串联是指两个耦合线圈本身作串联。如图 5-14 所示，相串联的两个耦合电感，相连接的是异名端，称之为顺接串联，简称顺串。

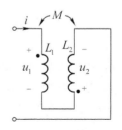

如图 5-14 所示，电压、电流在关联参考方向下，电流同时从同名端流进，自感电压和互感电压符号均为正，则有

$$u = u_1 + u_2 = \left(L_1 \frac{\mathrm{d}i}{\mathrm{d}t} + M \frac{\mathrm{d}i}{\mathrm{d}t}\right) + \left(L_2 \frac{\mathrm{d}i}{\mathrm{d}t} + M \frac{\mathrm{d}i}{\mathrm{d}t}\right) = (L_1 + L_2 + 2M) \frac{\mathrm{d}i}{\mathrm{d}t}$$

$$(5\text{-}19)$$

图 5-14　耦合电感的顺串

可得，等效电感 L_{eq} 为

$$L_{\mathrm{eq}} = L_1 + L_2 + 2M \qquad (5\text{-}20)$$

反之，若相串联的两个耦合电感，相连接的是同名端，如图 5-15 所示，称之为反接串联，简称反串。此时电压、电流在关联参考方向下，电流一个从同名端流进，一个从同名端流出，自感电压符号为正，而互感电压符号为负，则有

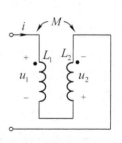

$$u = u_1 + u_2 = \left(L_1 \frac{\mathrm{d}i}{\mathrm{d}t} - M \frac{\mathrm{d}i}{\mathrm{d}t}\right) + \left(L_2 \frac{\mathrm{d}i}{\mathrm{d}t} - M \frac{\mathrm{d}i}{\mathrm{d}t}\right) = (L_1 + L_2 - 2M) \frac{\mathrm{d}i}{\mathrm{d}t}$$

$$(5\text{-}21)$$　图 5-15　耦合电感的反串

可得，等效电感 L_{eq} 为

$$L_{eq}=L_1+L_2-2M \tag{5-22}$$

例 5-4 如图 5-16 所示耦合电感，当 b 和 c 连接时，其 $L_{ad}=0.2\,\mathrm{H}$，当 b 和 d 连接时，$L_{ac}=0.6\,\mathrm{H}$，则互感 M 为多少？

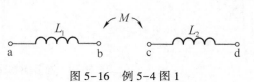

图 5-16　例 5-4 图 1

解： 由题意，由 $L_{ac}>L_{ad}$，可判断 b 和 c 连接时为反串，b 和 d 连接时为顺串，如图 5-17 所示。

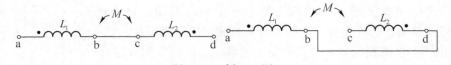

图 5-17　例 5-4 图 2

由于顺串时，$L_{eq}=L_1+L_2+2M$；而反串时，$L_{eq}=L_1+L_2-2M$。则有

$$M=\frac{L_{顺}-L_{反}}{4}=\frac{0.6-0.2}{4}\mathrm{H}=0.1\,\mathrm{H}$$

3. 耦合电感的 T 型去耦等效

上述耦合电感的串联属于两端连接方式，除此之外，还有耦合电感的三端连接方式，下面将分成两种情况来讨论。

第一种情况：耦合电感的电压和电流的参考方向如图 5-18 所示，且 a 端和 c 端为同名端，b 端和 d 端是另一对同名端。将 b 端和 d 端相连作为公共端，此时耦合电感元件对外有三个输出端钮，分别是 a 端、c 端和公共端，这种连接方式称为同名端相连的三端连接。

根据上节中耦合电感元件端口伏安关系的列写方法，可得

$$u_1=L_1\frac{\mathrm{d}i_1}{\mathrm{d}t}+M\frac{\mathrm{d}i_2}{\mathrm{d}t}$$

$$u_2=L_2\frac{\mathrm{d}i_2}{\mathrm{d}t}+M\frac{\mathrm{d}i_1}{\mathrm{d}t} \tag{5-23}$$

图 5-18　同名端相连的三端连接

为了去耦等效，采取数学变换，对式（5-23）进行如下处理：

$$u_1=L_1\frac{\mathrm{d}i_1}{\mathrm{d}t}-M\frac{\mathrm{d}i_1}{\mathrm{d}t}+M\frac{\mathrm{d}i_1}{\mathrm{d}t}+M\frac{\mathrm{d}i_2}{\mathrm{d}t}$$

$$=(L_1-M)\frac{\mathrm{d}i_1}{\mathrm{d}t}+M\frac{\mathrm{d}(i_1+i_2)}{\mathrm{d}t}$$

$$u_2=L_2\frac{\mathrm{d}i_2}{\mathrm{d}t}-M\frac{\mathrm{d}i_2}{\mathrm{d}t}+M\frac{\mathrm{d}i_2}{\mathrm{d}t}+M\frac{\mathrm{d}i_1}{\mathrm{d}t}$$

$$=(L_2-M)\frac{\mathrm{d}i_2}{\mathrm{d}t}+M\frac{\mathrm{d}(i_1+i_2)}{\mathrm{d}t} \tag{5-24}$$

由式（5-24）可得如图 5-19 所示 T 型去耦等效电路。

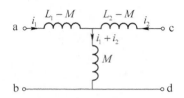

图 5-19　同名端相连的三端连接 T 型去耦等效电路

第二种情况：耦合电感的电压和电流的参考方向如图 5-20 所示，且 a 端和 d 端为同名端，b 端和 d 端是异名端。将 b 端和 d 端相连作为公共端，此时耦合电感元件对外有三个输出端钮，分别是 a 端、c 端和公共端，这种连接方式称为异名端相连的三端连接。

图 5-20　异名端相连的三端连接

由于电压、电流在关联参考方向下，电流一个从同名端流进，一个从同名端流出，可得

$$
\begin{aligned}
u_1 &= L_1\frac{\mathrm{d}i_1}{\mathrm{d}t}-M\frac{\mathrm{d}i_2}{\mathrm{d}t}\\
u_2 &= L_2\frac{\mathrm{d}i_2}{\mathrm{d}t}-M\frac{\mathrm{d}i_1}{\mathrm{d}t}
\end{aligned}
\tag{5-25}
$$

同样采取如式（5-24）类似的数学变换，对式（5-25）进行如下处理：

$$
\begin{aligned}
u_1 &= L_1\frac{\mathrm{d}i_1}{\mathrm{d}t}+M\frac{\mathrm{d}i_1}{\mathrm{d}t}-M\frac{\mathrm{d}i_1}{\mathrm{d}t}-M\frac{\mathrm{d}i_2}{\mathrm{d}t}\\
&=(L_1+M)\frac{\mathrm{d}i_1}{\mathrm{d}t}-M\frac{\mathrm{d}(i_1+i_2)}{\mathrm{d}t}\\
u_2 &= L_2\frac{\mathrm{d}i_2}{\mathrm{d}t}+M\frac{\mathrm{d}i_2}{\mathrm{d}t}-M\frac{\mathrm{d}i_2}{\mathrm{d}t}-M\frac{\mathrm{d}i_1}{\mathrm{d}t}\\
&=(L_2-M)\frac{\mathrm{d}i_2}{\mathrm{d}t}-M\frac{\mathrm{d}(i_1+i_2)}{\mathrm{d}t}
\end{aligned}
\tag{5-26}
$$

由式（5-26）可得如图 5-21 所示 T 型去耦等效电路。

需要说明的是：图 5-21 中 $-M$ 电感只是为去耦所等效的电感，并非真实电感，真实电感是没有负值的；同时不难发现，无论是二端连接还是三端连接，去耦等效电路模型都与端口电压电流的参考方向无关，而仅仅与耦合电感同名端的位置及自感、互感系数有关。

图 5-21　异名端相连的三端连接 T 型去耦等效电路

例 5-5　如图 5-22 所示，（1）耦合电感 L_1 和 L_2 并联，求端口 ab 的等效电感。（2）若将电感 L_2 同名端的位置改变，求端口 ab 的等效电感。（3）在问题（2）条件下，若两线圈全耦合，求端口 ab 的等效电感。

解： 耦合电感 L_1 和 L_2 并联，可看成是一种特殊的三端连接。

（1）根据同名端相连三端连接的 T 型去耦等效电路，耦合电感 L_1 和 L_2 并联时（同名端相连），可将图 5-21 等效为如图 5-23 所示。

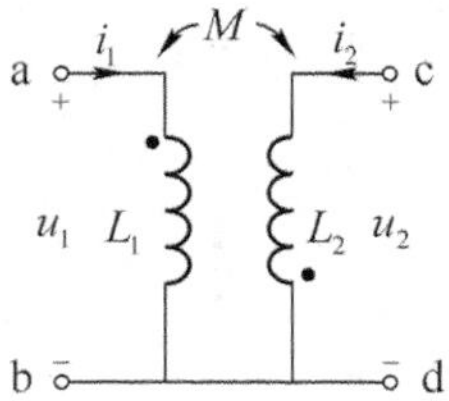

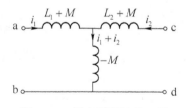

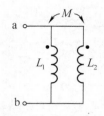

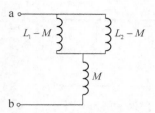

图 5-22　例 5-5 图 1　　　　　图 5-23　例 5-5 图 2

再根据电感元件的串并联等效公式，可得

$$L_{eq} = (L_1 - M) // (L_2 - M) + M$$

$$= \frac{(L_1 - M)(L_2 - M)}{L_1 + L_2 - 2M} + M$$

$$= \frac{L_1 L_2 - M^2}{L_1 + L_2 - 2M}$$

（2）若将电感 L_2 同名端的位置改变，根据异名端相连三端连接的 T 型去耦等效电路，耦合电感 L_1 和 L_2 并联时（异名端相连），可将图 5-22 等效为如图 5-24 所示。
再根据电感元件的串并联等效公式，可得

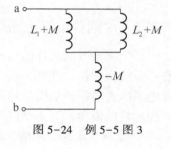

$$L_{eq} = (L_1 + M) // (L_2 + M) - M$$

$$= \frac{(L_1 + M)(L_2 + M)}{L_1 + L_2 + 2M} - M$$

$$= \frac{L_1 L_2 - M^2}{L_1 + L_2 + 2M}$$

图 5-24　例 5-5 图 3

（3）由耦合系数的定义可知，当全耦合发生时：

$$k = \frac{M}{\sqrt{L_1 L_2}} = 1$$

则有

$$L_1 L_2 - M^2 = 0$$

因此

$$L_{eq} = 0$$

例 5-6　图 5-25 所示正弦稳态电路中，若 $u_S = 100\sqrt{2}\cos 10^4 t$ V，$C = 5\ \mu F$，$L_1 = 9$ mH，$L_2 = 6$ mH，$M = 4$ mH，$R = 80\ \Omega$。求稳态电流 i 和电压 u_{ab} 的瞬时表达式。

解：该题中的耦合电感元件属于同名端相连的三端连接，因此先将其化为 T 型去耦等效电路，如图 5-26 所示。
再由上图画出该电路的相量模型，如图 5-27 所示。

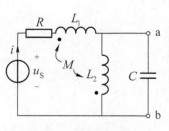

图 5-25　例 5-6 图 1

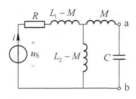
图 5-26　例 5-6 图 2

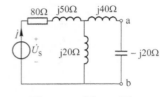
图 5-27　例 5-6 图 3

根据相量法，可得

$$\dot{I} = \frac{\dot{U}_S}{80+j50+j20//j20} = \frac{100\angle 0°}{80+j60} \text{A} = 1\angle -36.9° \text{A}$$

$$\dot{U}_{ab} = \frac{1}{2}\dot{I}\times(-j20) \text{V} = 10\angle -126.9° \text{V}$$

由此可得

$$i(t) = \sqrt{2}\cos(10^4 t - 36.9°) \text{A}$$

$$u_{ab}(t) = 10\sqrt{2}\cos(10^4 t - 126.9°) \text{V}$$

5.2.3　含耦合电感电路的分析

由于耦合电感元件的电压不但有自感电压还有互感电压，因此含耦合电感电路的分析具有一定的特殊性。就其分析方法来说，主要有方程法和等效分析法两大类，上节中谈到的耦合电感的去耦等效就属于等效分析法中的一种情况。在变压器电路中，常常用耦合电感元件来构建它的模型，下面就以变压器电路为例来对这两种方法分别进行讨论。

1. 含耦合电感电路的方程法分析

变压器是各种电气设备及电子系统中应用很广的一种多端子磁耦合电路元件，常用于实现从一个电路向另一个电路传递能量或信号。常用的实际变压器有空心变压器（松耦合）和铁心变压器（紧耦合）两类。它通常包括一次线圈和二次线圈。一次线圈一般接信号源（或电源），而二次线圈一般接负载，也就是说，信号（或能量）通过耦合电感，将电信号（能量）转变为磁信号（磁场能量），再通过磁场的耦合传递给负载。

由于空心变压器大多工作在正弦稳态，为了得到空心变压器电路的相量模型，有必要先得到耦合电感元件的相量模型，及其端口伏安关系的相量形式。在规定了同名端之后，如图 5-28 所示为耦合电感元件的相量模型。

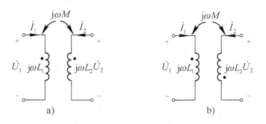

a)　　　　　　　　　　b)

图 5-28　耦合电感元件相量模型

式（5-27）描述了图 5-28a 所示耦合电感元件的端口伏安关系：

$$\begin{cases} \dot{U}_1 = j\omega L_1 \dot{I}_1 + j\omega M \dot{I}_2 \\ \dot{U}_2 = j\omega L_2 \dot{I}_2 + j\omega M \dot{I}_1 \end{cases} \tag{5-27}$$

而式（5-28）描述了图 5-28b 所示耦合电感元件的端口伏安关系：

$$\begin{cases} \dot{U}_1 = j\omega L_1 \dot{I}_1 - j\omega M \dot{I}_2 \\ \dot{U}_2 = j\omega L_2 \dot{I}_2 - j\omega M \dot{I}_1 \end{cases} \tag{5-28}$$

空心变压器电路的相量模型如图 5-29 所示，其中 R_1 和 R_2 为空心变压器一次线圈和二次线圈的等效阻抗，$\dot{U}_\mathrm{S}$ 为信号源的电压，Z_S 为信号源的内阻，Z_L 为负载阻抗。由一次回路和二次回路的 KVL 方程可得

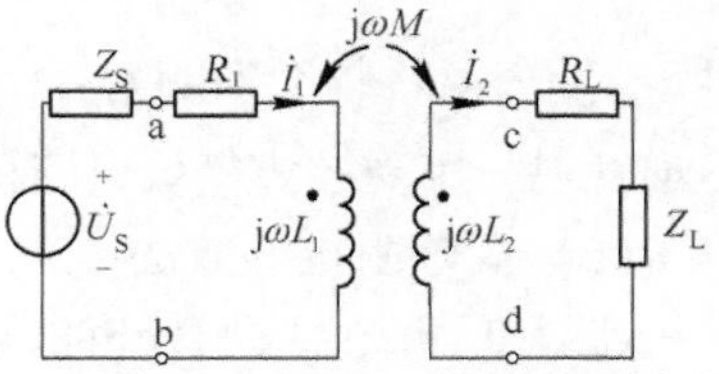

图 5-29　空心变压器
电路的相量模型

$$\begin{cases} Z_\mathrm{S} \dot{I}_1 + R_1 \dot{I}_1 + j\omega L_1 \dot{I}_1 - j\omega M \dot{I}_2 = \dot{U}_\mathrm{S} \\ (R_2 + Z_\mathrm{L}) \dot{I}_2 + j\omega L_2 \dot{I}_2 - j\omega M \dot{I}_1 = 0 \end{cases} \tag{5-29}$$

令 $Z_{11} = Z_\mathrm{S} + R_1 + j\omega L_1$ 为一次回路的自阻抗，$Z_{22} = R_2 + Z_\mathrm{L} + j\omega L_2$ 为二次回路的自阻抗，则对式（5-29）可整理得

$$\begin{cases} Z_{11} \dot{I}_1 - j\omega M \dot{I}_2 = \dot{U}_\mathrm{s} \\ Z_{22} \dot{I}_2 - j\omega M \dot{I}_1 = 0 \end{cases} \tag{5-30}$$

求解式（5-30）可得

$$\begin{cases} \dot{I}_1 = \dfrac{\dot{U}_\mathrm{S}}{Z_{11} + \dfrac{(\omega M)^2}{Z_{22}}} \\[4mm] \dot{I}_2 = \dfrac{j\omega M \dot{I}_1}{Z_{22}} = \dfrac{j\omega M \dot{U}_\mathrm{S}}{Z_{11} Z_{22} + (\omega M)^2} \end{cases} \tag{5-31}$$

例 5-7　如图 5-30 所示电路，计算电路中得电流 $\dot{I}_1$ 和 $\dot{I}_2$。

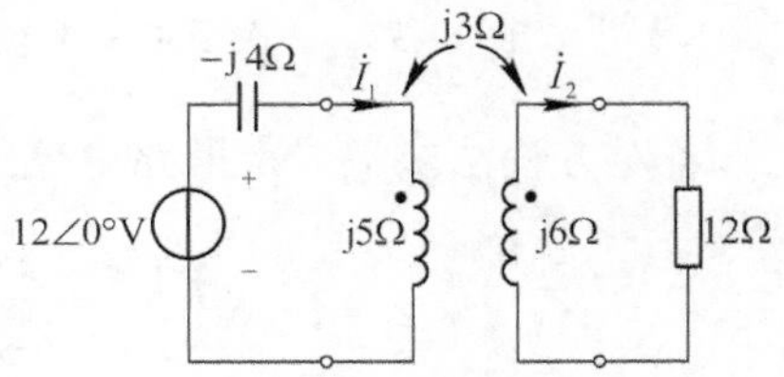

解：由方程法可得

图 5-30　例 5-7 图

$$\begin{cases} (-4j+5j) \dot{I}_1 - j3 \dot{I}_2 = 12 \\ (12+6j) \dot{I}_2 - j3 \dot{I}_1 = 0 \end{cases}$$

求解上式可得

$$\begin{cases} \dot{I}_1 = 13 \angle -49° \mathrm{A} \\ \dot{I}_2 = 2.9 \angle 14° \mathrm{A} \end{cases}$$

2. 含耦合电感电路的等效法分析

（1）去耦等效法

将耦合电感化为受控源等效电路模型，或根据互感线圈不同的联接方式进行去耦等效，

然后按一般正弦稳态电路的相量法进行分析。

例5-7也可以用受控源等效电路模型来求解，下面就用第二种方法求解空心变压器电路。首先对于图5-30中耦合电感元件用它的受控源等效模型来取代，如图5-31所示。

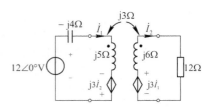

图5-31 耦合电感双受控源等效模型

对于一次线圈，应用 KVL 可得

$$\begin{cases} -12+(-4\mathrm{j}+5\mathrm{j})\dot{I}_1-\mathrm{j}3\dot{I}_2=0 \\ (12+6\mathrm{j})\dot{I}_2-\mathrm{j}3\dot{I}_1=0 \end{cases}$$

不难发现，用受控源等效电路模型来求解，所列写的方程组与方程法相同。

（2）反映阻抗等效法

通过方程法，我们分析求解了空心变压器的一、二次电流，根据式（5-31）可以从电压源端看进去，得到输入阻抗 Z_i 为

$$Z_i=Z_{11}+\frac{(\omega M)^2}{Z_{22}}=Z_S+R_1+\mathrm{j}\omega L_1+Z_{f1} \tag{5-32}$$

不难看出，输入阻抗 Z_i 分为两部分：一部分为一次回路自阻抗 Z_{11}，另一部可以看成二次回路在一次回路中的反映阻抗，用符号 Z_{f1} 表示。利用反映阻抗的概念，可以方便地求出一次回路等效电路，如图5-32所示。

此外从方程法求解二次回路电流的结果上来看，见式（5-31），二次回路可以等效为一个电流控制电压源和二次回路自阻抗的串联组合，如图5-33所示。

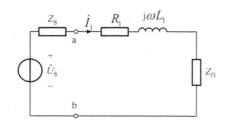

图5-32 一次回路等效电路

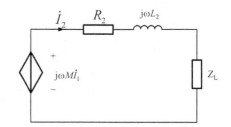

图5-33 二次回路等效电路

若对方程法求解二次回路电流的结果再进行变换，见式（5-33）。

$$\dot{I}_2=\frac{\mathrm{j}\omega M\dot{U}_S}{Z_{11}Z_{22}+(\omega M)^2}=\frac{\mathrm{j}\omega M\dot{U}_S}{Z_{11}}\cdot\frac{1}{Z_{22}+\frac{(\omega M)^2}{Z_{11}}} \tag{5-33}$$

不难发现，式（5-33）中 $\dfrac{\mathrm{j}\omega M\dot{U}_s}{Z_{11}}$ 是二次回路电流为0时，一次回路在二次回路中产生的互感电压，也就是二次回路的开路电压 $\dot{U}_{oc}$；而式中 $\dfrac{(\omega M)^2}{Z_{11}}$ 则是一次回路在二次回路中的反映阻抗，可用符号 Z_{f2} 表示。因此，式（5-33）还可以写为

$$\dot{I}_2=\dot{U}_{oc}\cdot\frac{1}{Z_{22}+Z_{f2}}=\dot{U}_{oc}\cdot\frac{1}{R_2+\mathrm{j}\omega L_2+Z_{f2}+Z_L} \tag{5-34}$$

式（5-34）中，戴维南等效电阻 Z_0 为

$$Z_0 = R_2 + j\omega L_2 + Z_{f2} \tag{5-35}$$

因此，可以得到

$$\dot{I}_2 = \dot{U}_{oc} \cdot \frac{1}{Z_0 + Z_L} \tag{5-36}$$

根据式（5-36），还可以作出二次回路的戴维南等效电路，如图 5-34 所示。

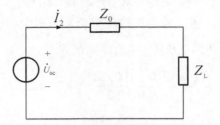

图 5-34 二次回路戴维南等效电路

例 5-8 如图 5-35 所示电路，已知 $R_1 = 10\,\Omega$，$R_2 = 2\,\Omega$，$X_{L1} = 30\,\Omega$，$X_{L2} = 8\,\Omega$，$X_M = 10\,\Omega$，$U_s = 100\,\mathrm{V}$。求解：

（1）如果 $Z_L = 2\,\Omega$，求 $\dot{I}_1$ 和负载 Z_L 吸收的功率 P_L。

（2）若负载 Z_L 由电阻和电抗组成，即 $Z_L = R_L + jX_L$。为使负载获得功率为最大，Z_L 应取何值？求这时负载吸收的功率。

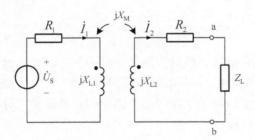

图 5-35 例 5-8 图

解：本题采用反映阻抗等效法进行分析，设电压源电压 $\dot{U}_S$ 为参考相量。

（1）当负载 $Z_L = 2\,\Omega$ 时，将一次回路等效如图 5-32 所示，则可得一次回路电流 $\dot{I}_1$ 为

$$\dot{I}_1 = \frac{\dot{U}_S}{Z_{11} + \frac{(\omega M)^2}{Z_{22}}} = \frac{\dot{U}_S}{R_1 + jX_{L1} + \frac{(X_M)^2}{R_2 + jX_{L2} + Z_L}}$$

$$= \frac{100\angle 0°}{10 + j30 + \frac{10^2}{2 + 2 + j8}}\,\mathrm{A} = 4\angle -53.1°\,\mathrm{A}$$

再将二次回路等效如图 5-33 所示，则可得二次回路电流 $\dot{I}_2$ 为

$$\dot{I}_2 = \frac{jX_M \dot{I}_1}{Z_{22}} = \frac{jX_M \dot{I}_1}{R_2 + jX_{L2} + Z_L}$$

$$= \frac{j10 \cdot 4\angle -53.1°}{4+j8} A = 4.47\angle -26.6°A$$

此时，由于负载 Z_L 为纯电阻元件，所以其吸收的功率 P_L 为

$$P_L = I_2^2 Z_L = 4.47^2 \times 2\ W = 40\ W$$

（2）这是最大功率传输问题，为使负载获得功率为最大，应将负载 Z_L 断开，从端口 ab 以左进行戴维南等效，求得开路电压 $\dot{U}_{oc}$ 和内部阻抗如下。

$$\dot{U}_{oc} = \frac{jX_M \dot{U}_S}{Z_{11}} = \frac{j10 \cdot 100\angle 0°}{10+j30} V = 31.62\angle 18.4°V$$

$$Z_0 = R_2 + j\omega L_2 + \frac{X_M^2}{R_1 + jX_{L1}}$$

$$= \left(2 + j8 + \frac{10^2}{10+j30}\right)\Omega = (3+j5)\ \Omega$$

由共轭匹配，当 $Z_L = Z_{ab}^* = (3-j5)\ \Omega$ 时，负载 Z_L 获得最大传输功率为

$$P_{Lmax} = \frac{U_{oc}^2}{4R_0} = \frac{31.62^2}{4\times 3}\ W = 83.3\ W$$

5.3 理想变压器

上节中，我们借助耦合电感元件对实际变压器中的空心变压器电路进行了分析，而在实际使用中还有将绕组绕在铁磁性材料制成的铁心变压器，如电力变压器、电流互感器等。理想变压器元件就是由铁心变压器抽象而来的，抽象的目的是便于分析和计算，抽象的条件是需要满足以下三个理想条件极限。

条件1：具有无穷大自感，即 $L_1 \to \infty$，$L_2 \to \infty$，且 $\sqrt{\dfrac{L_1}{L_2}} = \dfrac{N_1}{N_2} = n$。其中 N_1 和 N_2 别代表一次线圈和二次线圈的匝数，n 代表初一次线圈匝比（又称变比）。在实际绕制中，常常令一次绕组具有足够的匝数（高达几千匝）来保证一次自感足够大。

条件2：无损耗。不计铜损，即忽略绕组的金属导线电阻；也不计铁损，即忽略磁滞损耗和涡流损耗。在实际中，选用良金属导线绕制线圈，并选用高磁导率的硅钢片采用叠式结构做成铁心，都是为了尽可能地减少损耗。

条件3：全耦合，即耦合系数 $k=1$。在实际中，采用高绝缘层漆包线紧绕、密绕和双线绕，并采用对外磁屏蔽措施，都是为了在结构上尽量使初二次线圈紧密耦合，减少漏磁，使耦合系数尽量接近1。

当铁心变压器满足以上三个条件时，它就由耦合电感元件变为一种新的电路元件——理想变压器。下面就来重点讨论理想变压器的端口伏安关系和主要性能。

如图5-36所示，设图中耦合电感元件满足以上三个条件，即 $L_1 \to \infty$，$L_2 \to \infty$，$M =$

$\sqrt{L_1 L_2}$ 且 $\sqrt{\dfrac{L_1}{L_2}} = \dfrac{N_1}{N_2} = n$。

根据耦合电感的端口伏安关系，则有

$$\begin{cases} u_1 = L_1 \dfrac{\mathrm{d}i_1}{\mathrm{d}t} + M \dfrac{\mathrm{d}i_2}{\mathrm{d}t} = L_1 \dfrac{\mathrm{d}i_1}{\mathrm{d}t} + \sqrt{L_1 L_2} \dfrac{\mathrm{d}i_2}{\mathrm{d}t} \\[2mm] u_2 = L_2 \dfrac{\mathrm{d}i_2}{\mathrm{d}t} + M \dfrac{\mathrm{d}i_1}{\mathrm{d}t} = \sqrt{L_1 L_2} \dfrac{\mathrm{d}i_1}{\mathrm{d}t} + L_2 \dfrac{\mathrm{d}i_2}{\mathrm{d}t} \end{cases} \tag{5-37}$$

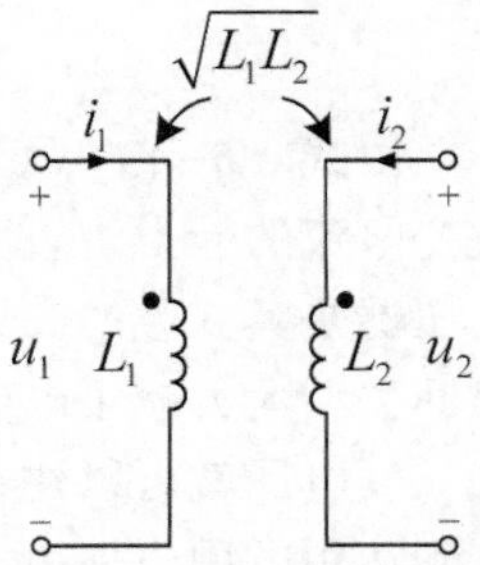

由上可得

$$\dfrac{u_1}{u_2} = \sqrt{\dfrac{L_1}{L_2}} \tag{5-38}$$

图 5-36 满足条件的
耦合电感元件

由 $n = \sqrt{\dfrac{L_1}{L_2}}$ ，则有

$$\dfrac{u_1}{u_2} = n \tag{5-39}$$

对式（5-37）进行如下变换：

$$\begin{cases} \dfrac{u_1}{L_1} = \dfrac{\mathrm{d}i_1}{\mathrm{d}t} + \sqrt{\dfrac{L_2}{L_1}} \dfrac{\mathrm{d}i_2}{\mathrm{d}t} = \dfrac{\mathrm{d}i_1}{\mathrm{d}t} + \dfrac{1}{n} \dfrac{\mathrm{d}i_2}{\mathrm{d}t} \\[2mm] \dfrac{u_2}{L_2} = \dfrac{\mathrm{d}i_2}{\mathrm{d}t} + \sqrt{\dfrac{L_1}{L_2}} \dfrac{\mathrm{d}i_2}{\mathrm{d}t} = \dfrac{\mathrm{d}i_2}{\mathrm{d}t} + n \dfrac{\mathrm{d}i_1}{\mathrm{d}t} \end{cases} \tag{5-40}$$

由于 $L_1 \to \infty$ ，$L_2 \to \infty$ ，可得

$$\dfrac{\mathrm{d}i_1}{\mathrm{d}t} = -\dfrac{1}{n} \dfrac{\mathrm{d}i_2}{\mathrm{d}t} \tag{5-41}$$

对式（5-41）等式两边同时取积分，得

$$i_1 = -\dfrac{1}{n} i_2 \tag{5-42}$$

由式（5-38）和式（5-42）不难发现，理想变压器元件和耦合电感元件的端口伏安关系有明显不同，其唯一参数就是一个称为电压比或匝比的常数 n，其电路符号如图 5-37 所示。

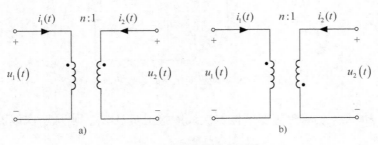

图 5-37 理想变压器电路模型

在图 5-37a 所示同名端、电压和电流的参考方向下，理想变压器的端口伏安关系为

$$
\begin{cases}
u_1(t) = nu_2(t) \\
i_1(t) = -\dfrac{1}{n}i_2(t)
\end{cases}
\tag{5-43}
$$

由式（5-43）可以看出，理想变压器的端口伏安关系是代数关系，它具有改变电压和改变电流的能力。正因如此，在发电场应该输出直流电和交流电的竞争中，交流电能够使用变压器是其获胜的关键性优势之一。变压器可以将电能转换成高电压低电流形式，然后再转换回去，大大减小电能在输送过程中的损失，使得电能的经济输送距离达到更远。如此一来，发电厂就可以建在远离用电的地方，世界大多数电力均经过一系列变压器的升降压最终才到达用电用户那里。

而在图 5-37b 所示同名端、电压和电流的参考方向下，因同名端的位置发生了改变，理想变压器的端口伏安关系也相应有所改变。

$$
\begin{cases}
u_1(t) = -nu_2(t) \\
i_1(t) = \dfrac{1}{n}i_2(t)
\end{cases}
\tag{5-44}
$$

在分析有关变压器变压变流关系时，初学者往往会对电压、电流的正负判别错误。需要注意的是：在进行变压关系计算时，要明确一次和二次电压参考方向的极性与同名端的位置，与电流的参考方向无关；而在进行变流关系计算时，要明确一次和二次电流参考方向的极性与同名端的位置，与电压的参考方向无关。

由式（5-43）和式（5-44）可得，理想变压器在任意时刻所吸收的功率为

$$
p = u_1(t)i_1(t) + u_2(t)i_2(t) = 0
\tag{5-45}
$$

也就是说理想变压器在任意时刻，既不消耗电能也不产生电能，仅将一次线圈的能量或信号完全传递给二次线圈的负载。同时由于它不储存磁能，是一种无记忆性元件。尽管它的符号中有电感，但并不代表它具有任何电感的性质，它的端口伏安关系中没有微积分，仅存在一种电压、电流的代数约束关系，对直流也适用。

理想变压器除了具有上述变压变流性质，还具有阻抗变换的性质，如图 5-38 所示。

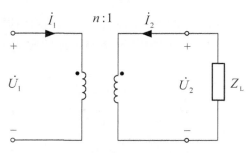

图 5-38　理想变压器副边接负载

在正弦稳态情况下，将理想变压器二次线圈接上负载 Z_L，则从一次线圈侧等效的输入阻抗 Z_{in} 为

$$Z_{\text{in}} = \frac{\dot{U}_1}{\dot{I}_1} = \frac{n\dot{U}_2}{-\frac{1}{n}\dot{I}_2} = n^2 \frac{\dot{U}_2}{-\dot{I}_2} = n^2 Z_{\text{L}} \tag{5-46}$$

也就是说，理想变压器可以变换元件的参数，如给二次侧接入 R、L、C 元件时，折合到一次侧将变为 $n^2 R$、$n^2 L$ 和 $\frac{C}{n^2}$。注意，理想变压器这种变阻抗性质，只可以改变阻抗的模，而不能够改变阻抗角。因此利用理想变压器变换阻抗的特性，可以通过改变匝比来改变输入阻抗，使之与电源进行模匹配，从而使负载获得最大的传输功率。

最后提醒大家注意，耦合电感和理想变压器是两种性质完全不同的元件。磁耦合是理想变压器实现的一种途径，但并非唯一途径。为了方便对照，将两种元件的区别进行归纳整理，见表 5-1。

表 5-1   耦合电感和理想变压器元件性质对比

元件性质 ＼ 元件名称	耦合电感元件	理想变压器元件
记忆性	有记忆性	无记忆性
储能能力	可以储能	无储能
变阻抗能力	改变阻抗性质	只改变阻抗模，阻抗角不变
适用场合	仅限交流	交、直流均可用

例 5-9 如图 5-39a 所示电路，已知 $\dot{U}_{\text{S}} = 6\angle 0°\text{V}$。

（1）求输入电流有效值 I_1、输入阻抗 Z_{in}、R_{L} 吸收的功率。

（2）如图 5-39b 所示电路，将 ab 短路，再求输入电流有效值 I_1、输入阻抗 Z_{in} 和 R_{L} 吸收的功率。

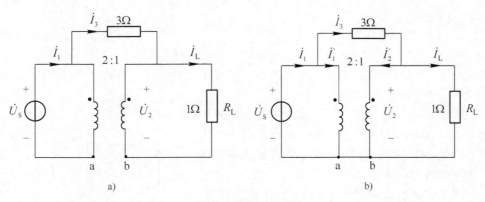

图 5-39   例 5-9 图

解：（1）如图 5-39a 所示，将一次和二次回路看成两个广义节点，不难发现 3Ω 电阻上无电流，可看为开路，此时有

$$\dot{I}_1 = \frac{\dot{U}_{\text{S}}}{2^2 \times R_{\text{L}}} = \frac{6\angle 0°}{4}\text{A} = 1.5\angle 0°\text{A}$$

则

$$I_1 = 1.5 \text{ A} \qquad I_L = 2I_1 = 3 \text{ A}$$

根据理想变压器阻抗等效变换性质：

$$Z_{in} = 2^2 \times R_L = 4 \text{ } \Omega$$

则 R_L 吸收的功率为

$$P_L = I_L^2 R_L = 3^2 \text{ W} = 9 \text{ W}$$

（2）当 ab 短路时，3Ω 电阻流过电流。标出各支路变量如图 5-39b 所示。由理想变压器的变压性质可知

$$\dot{U}_2 = \frac{1}{2}\dot{U}_S = 3\angle 0° \text{V}$$

由欧姆定律可得

$$\dot{I}_3 = \frac{\dot{U}_S - \dot{U}_2}{3} = \frac{6\angle 0° - 3\angle 0°}{3} \text{ A} = 1\angle 0° \text{A}$$

又有

$$\dot{I}_L = \frac{\dot{U}_2}{R_L} = \frac{3\angle 0°}{1} \text{ A} = 3\angle 0° \text{A}$$

可得

$$\dot{I}_2' = \dot{I}_3 - \dot{I}_L = (1\angle 0° - 3\angle 0°) \text{ A} = -2\angle 0° \text{A}$$

由理想变压器的变流性质可知

$$\dot{I}_1' = -\frac{1}{2}\dot{I}_2' = 1\angle 0° \text{A}$$

由 KCL 可得

$$\dot{I}_1 = \dot{I}_3 + \dot{I}_1' = (1\angle 0° + 1\angle 0°) \text{ A} = 2\angle 0° \text{A}$$

故有输入阻抗为

$$Z_{in} = \frac{\dot{U}_S}{\dot{I}_1} = \frac{6\angle 0°}{2\angle 0°} \text{ } \Omega = 3 \text{ } \Omega$$

而 R_L 吸收的功率为

$$P_L = I_L^2 R_L = 3^2 \text{ W} = 9 \text{ W}$$

例 5-10 如图 5-40 所示，某放大器内阻为 2Ω，扬声器电阻为 8Ω。问：为使扬声器获得最大的传输功率，在放大器与扬声器之间需要插入匝比为多大的理想变压器？若此时扬声器获得的最大功率为 10 W，则放大器输出正弦波的振幅为多少？

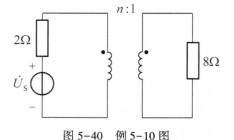

图 5-40　例 5-10 图

解： 为使扬声器（8Ω 负载）获得最大的传输功率，即要求将 8Ω 负载折射到一次侧的等效阻抗与放大器内阻 2Ω 相等，即

$$n^2 \times 8 = 2$$

可得匝比为

$$n = 0.5$$

由最大功率传输定理，输出最大功率为

$$P_{Lmax} = \frac{U_S^2}{4 \times 2} = 10 \text{ W}$$

可求得放大器输出正弦波有效值为

$$U_S = 4\sqrt{5} \text{ V}$$

则放大器输出正弦波的振幅为

$$U_{sm} = 4\sqrt{10} \text{ V} = 12.65 \text{ V}$$

5.4　全耦合变压器

还有一种特殊的耦合电感元件，它满足以下三个条件。

1）无损耗。

2）耦合系数 $k = 1$，$M = \sqrt{L_1 L_2}$ 即全耦合。

3）L_1、L_2 和 M 为有限值。

把这种特殊的耦合电感称为全耦合变压器（见图5-41）。分析含有全耦合变压器的电路仍可以使用互感电路分析方法，如方程法、反映阻抗分析法等。利用以上三个条件，还可将全耦合变压器等效为独立电感和理想变压器的并联组合，其电路分析可参考含理想变压器电路的分析方法。

下面将推导全耦合变压器等效为独立电感和理想变压器的过程。在如图5-41所示的全耦合变压器电路中，输入、输出端口电压和电流参考方向均为关联，且电流都从同名端流入，属于磁通相助，可得耦合电感的端口伏安关系为

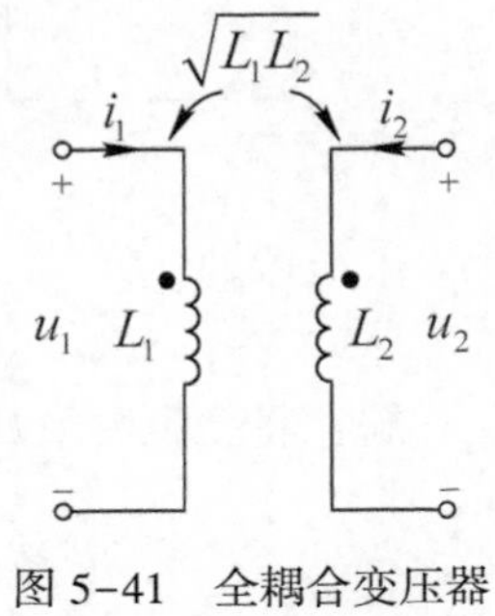

$$u_1 = L_1 \frac{di_1}{dt} + \sqrt{L_1 L_2} \frac{di_2}{dt} = \sqrt{L_1}\left(\sqrt{L_1} \frac{di_1}{dt} + \sqrt{L_2} \frac{di_2}{dt} \right)$$

$$u_2 = L_2 \frac{di_2}{dt} + \sqrt{L_1 L_2} \frac{di_1}{dt} = \sqrt{L_2}\left(\sqrt{L_1} \frac{di_1}{dt} + \sqrt{L_2} \frac{di_2}{dt} \right) \tag{5-47}$$

图5-41　全耦合变压器元件符号

令 $\sqrt{\dfrac{L_1}{L_2}} = \dfrac{N_1}{N_2} = n$，则有

$$\frac{u_1}{u_2} = \sqrt{\frac{L_1}{L_2}} = n \tag{5-48}$$

再对式（5-47）的第一个等式两边同时除以 L_1，可得

$$\frac{u_1}{L_1} = \frac{di_1}{dt} + \frac{1}{n} \frac{di_2}{dt} \tag{5-49}$$

由式（5-49）可知

$$\frac{di_1}{dt} = \frac{u_1}{L_1} - \frac{1}{n} \frac{di_2}{dt} \tag{5-50}$$

为推导得电流 i_1 的表达式，对式（5-50）两边同时取积分，得

$$i_1(t) = \frac{1}{L_1}\int_{-\infty}^{t} u_1(\xi)\,\mathrm{d}\xi - \frac{1}{n}i_2(t) \qquad (5\text{-}51)$$

由式（5-48）和式（5-51）可将全耦合变压器等效为一个独立电感 L_1 和匝数比为 n 的理想变压器的并联组合，如图 5-42 所示。

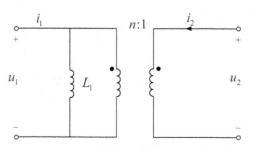

图 5-42　全耦合变压器独立电感+理想变压器等效模型

例 5-11　如图 5-43a 所示含有全耦合变压器电路，已知激励源 $\dot{U}_\mathrm{S}=6\angle 0°\mathrm{V}$，求电路中一次回路电流 $\dot{I}_1$ 和二次回路电流 $\dot{I}_2$。

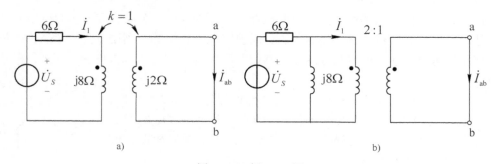

图 5-43　例 5-11 图

解：将全耦合变压器电路等效为独立电感+理想变压器模型，如图 5-43b 所示。可得

$$n = \sqrt{\frac{L_1}{L_2}} = 2$$

由于理想变压器二次侧短路，可视为负载为零，则负载反映到变压器一次侧的反映阻抗也为零，独立电感被短路，则有全耦合变压器一次侧电流为

$$\dot{I}_1 = \frac{\dot{U}_\mathrm{S}}{6} = 1\angle 0°\mathrm{A}$$

再由理想变压器的变电流关系，可得全耦合变压器二次电流为

$$\dot{I}_{ab} = 2\dot{I}_1 = 2\angle 0°\mathrm{A}$$

习题

5-1　电路的图如题 5-1 图所示，试求电流 $\dot{I}_2$。

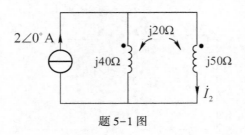

题 5-1 图

5-2 题 5-2 图所示电路中，$\dot{U}=50\angle0°\text{V}$，试求 S 断开和闭合时的电流 $\dot{I}$。

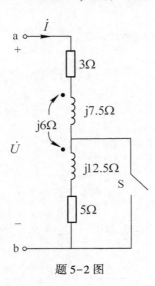

题 5-2 图

5-3 如题 5-3 图所示，已知 $i_S(t)=4e^{-3t}\text{A}$，$L_1=4\,\text{H}$，$L_2=5\,\text{H}$，$M=2\,\text{H}$。试求 $u_{ac}(t)$，$u_{ab}(t)$，$u_{bc}(t)$。

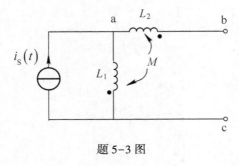

题 5-3 图

5-4 题 5-4 图所示电路中，如 $\dot{U}_S=6\angle0°(\text{V})$，电源角频率 $\omega=2\,\text{rad/s}$。

（1）如 ab 端开路，求 $\dot{I}_1$ 和 $\dot{U}_{ab}$。

（2）如 ab 端短路，求 $\dot{I}_1$ 和 $\dot{I}_{ab}$。

（3）如 ab 端接任意调节的负载 Z_L，则它为何值时能获得最大功率？最大功率是多少？

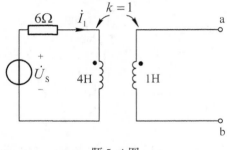

题 5-4 图

5-5 如题 5-5 图所示电路，已知 $\dot{U}_s = 16\angle0°(\text{V})$，求 $\dot{I}_1$、$\dot{U}_2$ 和 R_L 吸收的功率。

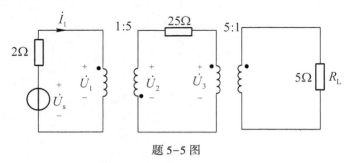

题 5-5 图

5-6 电路如题 5-6 图所示，$\dot{I}_s = 2\angle0°\text{A}$。为使 R_L 能获得最大功率，求匝数比 n 和 R_L 吸收的功率。

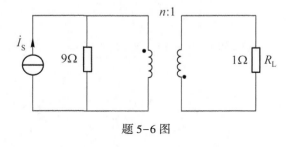

题 5-6 图

5-7 电路如题 5-7 图所示，求 $\dot{U}_2$。

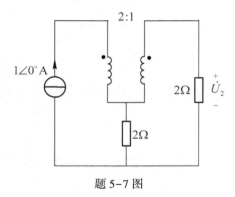

题 5-7 图

5-8 电路如题 5-8 图所示,已知电源电压 $U = 500\,\text{V}$,求电流 I。

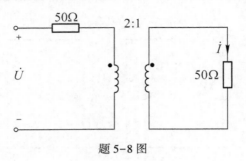

题 5-8 图

5-9 电路如题 5-9 图所示,$\dot{U}_\text{s} = 12\angle 0°\text{V}$。为使 R_L 能获得最大功率,求匝数比 n 和 R_L 吸收的功率。

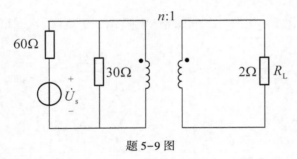

题 5-9 图

5-10 电路如题 5-10 图所示,交流电压表内阻为无穷大。已知 $R_1 = 15\,\Omega$,$R_2 = 10\,\Omega$,$\omega L_1 = 20\,\Omega$,$\omega L_2 = 80\,\Omega$,耦合系数 $k = 0.2$,电压表读数为 40 V。试求一次侧所加电压 $\dot{U}_\text{s}$。

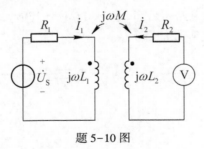

题 5-10 图

5-11 如题 5-11 图所示正弦稳态电路,已知 $u_\text{s} = 8\sin(10t)\,\text{V}$,$L_1 = 0.5\,\text{H}$,$L_2 = 0.3\,\text{H}$,$M = 0.1\,\text{H}$。试求 ab 端的电压 u。

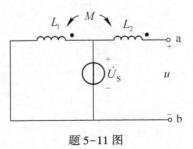

题 5-11 图

5-12 电路如题 5-12 图所示，求 11′端的输入阻抗以及电流比 $\dot{I}_1/\dot{I}_2$。

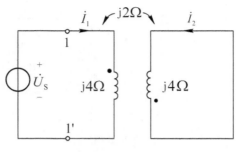

题 5-12 图

5-13 如题 5-13 图所示电路，开关 S 原处于闭合状态。现在将开关 S 打开瞬间，电压表正偏，请判断同名端，并说明原因。

5-14 如题 5-14 图所示电路，ab 间的等效电阻 $R_{ab}=0.25\,\Omega$，求理想变压器的电压比 n。

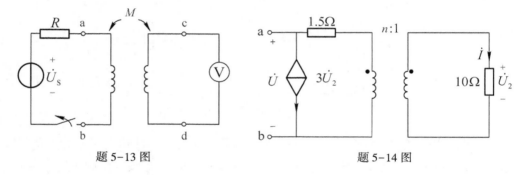

题 5-13 图　　　　　　　　　　题 5-14 图

5-15 如题 5-15 图所示电路，已知 $u_S=220\sqrt{2}\cos(100\pi t)\,\mathrm{V}$，两个交流电流表 A_1 和 A_2 读数相等，则求电路中 i_1 和电容 C 的容值。

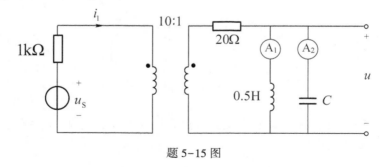

题 5-15 图

第6章 电路的频率响应和谐振现象

前面讨论的正弦稳态电路，是在单一频率正弦激励作用下电路的稳态响应。由于正弦稳态电路中动态元件电容的容抗和电感的感抗都是频率的函数，当正弦激励的频率发生改变时，响应的振幅和相位会随频率而变化。电路响应随激励信号的频率而变化的特性称为频率响应或频率特性。在实际通信和无线电技术中，需要传输或处理的信号通常不是单一频率的正弦量，而是由许多不同频率的正弦信号组成，即实际信号占有一定的频带宽度。为了对信号进行满意的传输、加工和处理，研究电路在不同频率信号作用下的变化规律和特点是很有必要的，即研究电路的频率响应。

6.1 频率响应与网络函数

研究电路的频率响应，就是要讨论电路响应相量与电路激励相量的比值函数随频率 ω 由 0 变化到 ∞ 的关系曲线。这种比值函数称为网络函数（频率响应），以符号 $H(j\omega)$ 表示。即

$$H(j\omega) \underset{\text{def}}{=\!=} \frac{\text{响应相量}}{\text{激励相量}} \tag{6-1}$$

相应相量和激励相量既可以是电压相量，也可以是电流相量。因此，网络函数可以分为两类：若响应相量与激励相量是在同一端口的相量，该网络函数称为策动点函数；若响应相量与激励相量是在不同端口上的相量，该网络函数称为转移函数。

如图 6-1 所示，N 为无源网络的相量模型，若分别以 $\dot{I}_1$、 图 6-1 无源网络的相量模型
$\dot{U}_1$ 作为激励，$\dot{U}_2$、$\dot{I}_2$ 作为响应，则根据网络函数的定义，可得到策动点函数如下：

$$H_Z(j\omega) = \frac{\dot{U}_1}{\dot{I}_1} \tag{6-2}$$

$$H_Y(j\omega) = \frac{\dot{I}_1}{\dot{U}_1} \tag{6-3}$$

式（6-2）为策动点阻抗函数，式（6-3）为策动点导纳函数。

如图 6-1 所示电路，若以 $\dot{U}_1$、$\dot{I}_1$ 作为激励，$\dot{U}_2$、$\dot{I}_2$ 作为响应，可得到如下转移函数：

电压增益 $$H_1(j\omega) = \frac{\dot{U}_2}{\dot{U}_1} \tag{6-4}$$

电流增益 $\qquad\qquad H_2(j\omega) = \dfrac{\dot{I}_2}{\dot{I}_1}$ $\qquad\qquad$ (6-5)

转移阻抗 $\qquad\qquad H_3(j\omega) = \dfrac{\dot{U}_2}{\dot{I}_1}$ $\qquad\qquad$ (6-6)

转移导纳 $\qquad\qquad H_4(j\omega) = \dfrac{\dot{I}_2}{\dot{U}_1}$ $\qquad\qquad$ (6-7)

一般含动态元件的网络函数是频率的复函数，即

$$H(j\omega) = |H(j\omega)| e^{j\varphi(\omega)} \qquad\qquad (6-8)$$

式中，网络函数的模 $|H(j\omega)|$ 与 ω 的关系称为**幅频特性**，表示输出相量和输入相量幅值之比随频率变化而变化的情况，可用实平面 $|H(j\omega)| \sim \omega$ 上的曲线表示，称为幅频特性曲线。相角 $\varphi(\omega)$ 是网络函数的辐角，表示输出相量与输入相量之间相位差随频率变化而变化的情况，它与 ω 的关系称为**相频特性**，可用实平面 $\varphi(\omega) \sim \omega$ 上的曲线表示，称为相频特性曲线。

幅频特性和相频特性统称为频率特性。网络函数在理论上描述了电路在不同频率下正弦稳态响应与激励之间的关系。通过幅频、相频特性曲线，可以直观地反映出电源频率变化时电路特性（如输入阻抗、电压比等）的变化情况。

例 6-1 如图 6-2a 所示电路，若 $R = 1\ \text{k}\Omega$，$C = 1\ \mu\text{F}$，$u_1(t) = 10\cos\omega t + 10\cos2\omega t + 10\cos3\omega t$，其中角频率 $\omega = 10^3\ \text{rad/s}$，求电路响应 $u_2(t)$。

图 6-2 例 6-1 图

解： 作出相量模型如图 6-2b 所示，设激励相量为 $\dot{U}_1$，响应相量为 $\dot{U}_2$，则网络函数为

$$H(j\omega) = \frac{\dot{U}_2}{\dot{U}_1} = \frac{\dfrac{1}{j\omega C}}{R + \dfrac{1}{j\omega C}} = \frac{1}{1 + j\omega RC}$$

对不同频率，$H(j\omega)$ 的值分别为

$$H(j\omega) = \frac{1}{1 + j\omega RC} = \frac{1}{1 + j} = 0.707 \angle -45°$$

$$H(j2\omega) = \frac{1}{1 + j2\omega RC} = \frac{1}{1 + j2} = 0.447 \angle -63.4°$$

$$H(j3\omega) = \frac{1}{1 + j3\omega RC} = \frac{1}{1 + j3} = 0.316 \angle -71.6°$$

$$\dot{U}_2(j\omega) = H(j\omega)\dot{U}_1(j\omega) = 7.07\angle-45°\text{ V}$$

$$\dot{U}_2(j2\omega) = H(j2\omega)\dot{U}_1(j2\omega) = 4.47\angle-63.4°\text{V}$$

$$\dot{U}_2(j3\omega) = H(j3\omega)\dot{U}_1(j3\omega) = 3.16\angle-71.6°\text{V}$$

然后分别写出上述相量所对应的正弦量，将其进行相加，得到电路的响应为

$$u_2(t) = \left[10\cos(\omega t-45°)+4.47\sqrt{2}\cos(2\omega t-63.4°)+3.16\sqrt{2}\cos(3\omega t-71.6°)\right]\text{V}$$

由本例可以看出，一旦确定网络函数，就能方便地利用公式求出任一给定频率的激励作用下电路的响应。

6.2 滤波电路

能让特定频率范围内的信号通过电路到达输出端，而对其他频率范围的信号进行抑制或衰减的电路，叫作滤波电路。由电阻、电容、电感这些无源元件构成的滤波电路，称为无源滤波电路。含有有源器件（如运算放大器）的滤波电路，称为有源滤波电路。

根据电路的幅频特性，可将电路网络分成低通、高通、带通、带阻、全通等多种类型。如图 6-3a~e 所示分别为低通、高通、带通、带阻、全通理想滤波器的幅频特性曲线。图中"通带"指频率处于这个范围的激励信号可以通过电路，顺利到达输出端。"止带"指频率处于这个范围的激励信号被电路阻隔，不能到达输出端，即信号被滤除了。图 6-3a、b 中的符号 ω_C 称为截止角频率。图 6-3c、d 中的符号 ω_{C1} 和 ω_{C2} 分别称为下、上截止角频率。

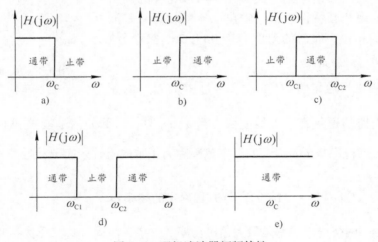

图 6-3 理想滤波器幅频特性

本节主要讨论由电阻 R 和电容 C 组成的 RC 滤波电路。由 RC 元件按各种方式组成的电路能起到滤波或选频的作用。以下各电路图中均选 $\dot{U}_1$ 为激励相量，$\dot{U}_2$ 为响应相量，网络函数用 $|H(j\omega)|$ 表示。除了 RC 滤波电路以外，其他电路也可以实现滤波功能。

6.2.1 RC 低通网络

RC 低通网络被广泛应用于电子设备的整流电路中，以滤除整流后电压中的高频分量，

或用于检波电路中以滤除检波后的高频分量。因此，RC 低通网络如图 6-4 所示。又称为低通滤波电路。其网络函数为

$$H(\mathrm{j}\omega) = |H(\mathrm{j}\omega)| \angle \varphi(\omega) = \frac{\dot{U}_2}{\dot{U}_1} = \frac{\frac{1}{\mathrm{j}\omega C}}{R + \frac{1}{\mathrm{j}\omega C}} = \frac{1}{1 + \mathrm{j}\omega RC} \qquad (6-9)$$

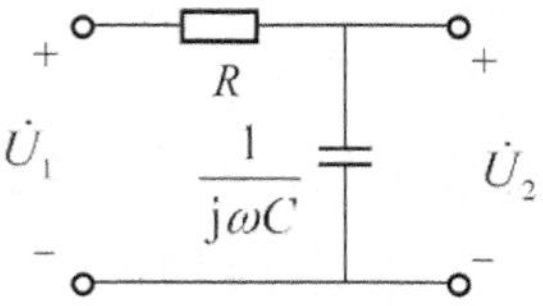

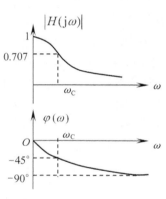

图 6-4　RC 低通网络

其中

$$|H(\mathrm{j}\omega)| = \frac{1}{\sqrt{1 + \omega^2 R^2 C^2}} \qquad (6-10)$$

$$\varphi(\omega) = -\arctan(\omega RC) \qquad (6-11)$$

如图 6-5 所示，截止角频率 ω_C 为

$$\omega_\mathrm{C} = \frac{1}{RC} \qquad (6-12)$$

幅频特性曲线和相频特性曲线由式（6-9）和式（6-10）确定。由图 6-5 可见，当 $\omega = 0$ 时，$|H(\mathrm{j}0)| = 1$，$\varphi(0) = 0°$，说明激励为直流时，输出信号电压与输入信号电压大小相等，相位相同。当 $\omega = \infty$ 时，$|H(\mathrm{j}\infty)| = 0$，$\varphi(\infty) = -90°$，说明输出信号电压大小为 0，相位滞后输入信号 $-90°$。由此可见，直流和低频信号比高频的正弦信号更容易通过该电路，而高频信号则受到抑制，所以这样的网络属于低通网络。由相频特性可知，输出电压的相位总是滞后于输入电压的相位，滞后的角度介于 $0°$ 与 $90°$ 之间，故又称为滞后网络。

图 6-5　RC 低通网络的频率特性曲线

对于低通网络，通常将 $|H(\mathrm{j}\omega_\mathrm{C})| > \dfrac{1}{\sqrt{2}}|H(\mathrm{j}\omega)|_{\max}$ 的频率范围称为该电路的通频带。工程上认为当 $\omega < \omega_\mathrm{C}$ 时，这部分信号能顺利通过该网络输出端。而将 $|H(\mathrm{j}\omega_\mathrm{C})| < \dfrac{1}{\sqrt{2}}|H(\mathrm{j}\omega)|_{\max}$ 的频率范围称为止带或阻带。通带和阻带的交界点，称为截止频率，即为 $|H(\mathrm{j}\omega)| = \dfrac{1}{\sqrt{2}}|H(\mathrm{j}\omega)|_{\max}$ 方程确定的频率 ω_C。

当 $\omega = \omega_\mathrm{C}$ 时，网络输出功率是最大输出功率的一半，因此，ω_C 又称为半功率点频率。

工程上通常用分贝（记作 dB）作为网络幅频特性的单位。$|H(\mathrm{j}\omega)|$ 所具有的分贝数为 $20\log|H(\mathrm{j}\omega)|$。当 $\omega = \omega_\mathrm{C}$ 时，有 $20\log\dfrac{1}{\sqrt{2}} \approx -3$，即在 ω_C 频率点，电路输出幅度比其最大值下降了 3 dB，因此 ω_C 又称为 3 dB 频率。

6.2.2　RC 高通网络

RC 高通网络如图 6-6 所示。此时，输出信号 $\dot{U}_2$ 是取自电阻两端的电压，其网络函数为

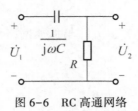

图 6-6 RC 高通网络

$$H(\mathrm{j}\omega) = \mid H(\mathrm{j}\omega) \mid \varphi(\omega) = \frac{\dot{U}_2}{\dot{U}_1} = \frac{R}{R + \dfrac{1}{\mathrm{j}\omega C}} = \frac{1}{1 - \mathrm{j}\dfrac{1}{\omega RC}} \tag{6-13}$$

其中

$$\mid H(\mathrm{j}\omega) \mid = \frac{1}{\sqrt{1 + \dfrac{1}{\omega^2 R^2 C^2}}} \tag{6-14}$$

$$\varphi(\omega) = \arctan\left(\frac{1}{\omega RC}\right) \tag{6-15}$$

图 6-7 中,

$$\omega_\mathrm{c} = \frac{1}{RC} \tag{6-16}$$

幅频特性曲线和相频特性曲线由式 (6-13) 和式 (6-14) 确定。由图 6-7 可见,当 $\omega = 0$ 时,$\mid H(\mathrm{j}0) \mid = 0$,$\varphi(0) = 90°$,说明激励为直流时,输出信号电压为零,相位超前出入电压 90°。当 $\omega = \infty$ 时,$\mid H(\mathrm{j}\infty) \mid = 1$,$\varphi(\infty) = 0$,说明输出信号电压与输入电压大小相等,相位相同。

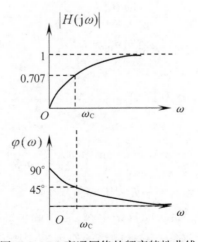

图 6-7 RC 高通网络的频率特性曲线

由幅频特性可见,该网络的幅频特性恰好与低通网络的幅频特性相反,它起抑制低频分量、而使高频分量通过的作用,所以该网络称为 RC 高通网络。由相频特性可见,输出电压的相位总是超前于输入电压的相位,超前的角度介于 0° 与 90° 之间,故该网络又称为超前网络。

高通网络的截止频率为 ω_{C} ，其计算方法与低通网络截止频率的计算方法相同。高通网络的通频带为 $\omega_{\mathrm{C}} \sim \infty$ ，阻带为 $0 \sim \omega_{\mathrm{C}}$ 。

6.2.3 RC 带通网络

RC 带通网络如图 6-8 所示，其网络函数为

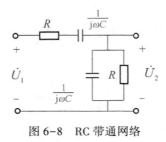

图 6-8 RC 带通网络

$$H(\mathrm{j}\omega) = |H(\mathrm{j}\omega)|\varphi(\omega) = \frac{\dot{U}_2}{\dot{U}_1} = \frac{\dfrac{R\dfrac{1}{\mathrm{j}\omega C}}{R+\dfrac{1}{\mathrm{j}\omega C}}}{R+\dfrac{1}{\mathrm{j}\omega C}+\dfrac{R\dfrac{1}{\mathrm{j}\omega C}}{R+\dfrac{1}{\mathrm{j}\omega C}}} \tag{6-17}$$

$$= \frac{\dfrac{R}{1+\mathrm{j}\omega RC}}{R+\dfrac{1}{\mathrm{j}\omega C}+\dfrac{R}{1+\mathrm{j}\omega RC}} = \frac{1}{3+\mathrm{j}\left(\omega RC-\dfrac{1}{\omega RC}\right)}$$

其中

$$|H(\mathrm{j}\omega)| = \frac{1}{\sqrt{9+\left(\omega RC-\dfrac{1}{\omega RC}\right)^2}} \tag{6-18}$$

$$\varphi(\omega) = -\arctan\frac{1}{3}\left(\omega RC-\frac{1}{\omega RC}\right) \tag{6-19}$$

式中，当 $\omega RC-\dfrac{1}{\omega RC}=0$ 时， $\omega=\omega_0=\dfrac{1}{RC}$ 称为中心角频率。

幅频特性曲线如图 6-9a 所示，网络对频率 $\omega=\omega_0$ 附近的信号有较大的输出，因而具有带通滤波的作用，称其为带通网络。带通网络的作用是让特定频率范围内的信号能够通过。相频特性曲线如图 6-9b 所示。

由截止频率的定义可知，带通网络具有上、下两个截止频率，即 $\omega_{\mathrm{C1}}=0.3\dfrac{1}{RC}$ （下截止频率）和 $\omega_{\mathrm{C2}}=3.3\dfrac{1}{RC}$ （上截止频率）。因此，带通网络的通频带为 $\omega_{\mathrm{C1}}\sim\omega_{\mathrm{C2}}$ 。阻带为 $0\sim\omega_{\mathrm{C1}}$

和 $\omega_{C2} \sim \infty$。

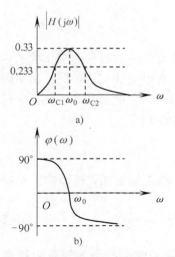

a)

b)

图 6-9 RC 带通网络的频率特性曲线

常用作 RC 低频振荡器中的选频电路，以产生不同频率的正弦信号。

6.2.4 RLC 带阻网络

RLC 带阻网络如图 6-10a 所示，输出电压 $\dot{U}_2$ 取自电容和电感串联后的电压，其网络函数为

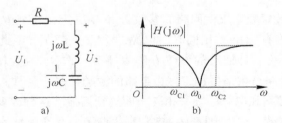

图 6-10 RLC 带阻网络

$$H(\mathrm{j}\omega) = \frac{\dot{U}_2}{\dot{U}_1} = \frac{\mathrm{j}(\omega L - 1/\omega C)}{R + \mathrm{j}(\omega L - 1/\omega C)} \qquad (6\text{-}20)$$

幅频特性为

$$|H(\mathrm{j}\omega)| = \left| \frac{(\omega L - 1/\omega C)}{\sqrt{R^2 + (\omega L - 1/\omega C)^2}} \right| \qquad (6\text{-}21)$$

幅频特性曲线如图 6-10b 所示，当 $\omega = \omega_0 = \sqrt{\dfrac{1}{LC}}$ 时，$|H(\mathrm{j}\omega)| = 0$。$\omega_0$ 是带阻滤波网络的中心角频率。电路网络对在中心角频率附近的信号有较大的衰减，具有带阻滤波的作用，因此称为带阻网络。

6.3 串联谐振电路

谐振现象是正弦稳态电路出现的一种特殊的工作状态。当电路发生谐振时，会使电路呈现纯电阻性，此时电路中的电压和电流的相位相同，功率因数为1。谐振电路中只存在电阻对能量的消耗，电路与外部电路不存在能量交换。在至少包含一个电容元件和一个电感元件的任何电路中，都有可能出现谐振现象。

6.3.1 谐振条件

如图 6-11 所示，在 RLC 串联电路的相量模型中，串联回路中端口总阻抗为

$$Z = \frac{\dot{U}_s}{\dot{I}} = R + j\left(\omega L - \frac{1}{\omega C}\right) \qquad (6-22)$$

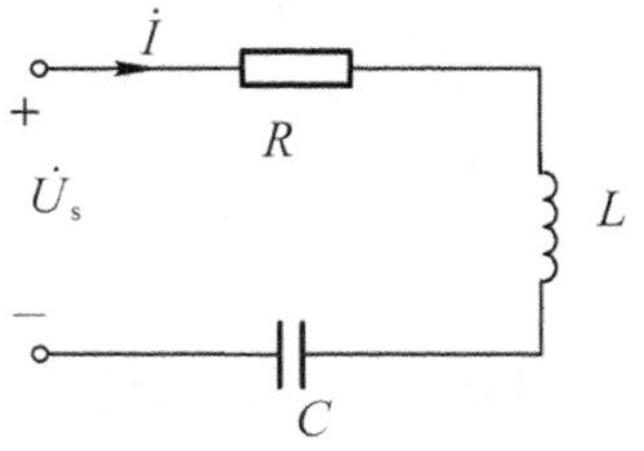

从电路呈阻性来看，谐振的条件是网络的等效阻抗虚部为零，即有 $\omega L = \frac{1}{\omega C}$，解得谐振角频率为

$$\omega = \frac{1}{\sqrt{LC}} = \omega_0 \qquad (6-23)$$

图 6-11 RLC 串联谐振电路

谐振频率为

$$f = \frac{1}{2\pi\sqrt{LC}} = f_0 \qquad (6-24)$$

式（6-23）说明谐振频率仅由回路的参数 L 和 C 决定，而与激励无关。当激励的频率与电路的谐振频率（固有频率）相同时，电路才会发生谐振。因此实现谐振有两种情况：一是电路的谐振频率不变，即回路的参数 L 和 C 不变，改变激励源的频率，使其与电路的谐振频率相同，此时电路发生谐振；二是当电路的激励频率一定时，只通过调节电路的参数 L、C，使电路的固有频率和电源的频率相同，即达到谐振。这种改变 ω、L 或 C，使电路出现谐振的过程，称为调谐。通信电路中，常常利用调谐来选择信号的频率。例如，收音机选台就是一种常见的调谐操作。

6.3.2 谐振特点

RLC 串联电路发生谐振时，电路的总阻抗虚部为零，为纯电阻性，且等于 R，阻抗模最小。谐振时阻抗用 Z_0 表示，即

$$Z_0 = R \qquad (6-25)$$

当电路发生谐振时，感抗和容抗数值相等，即 $\omega_0 L = \frac{1}{\omega_0 C}$，称其为谐振电路的特性阻抗，用 ρ 来表示，即

$$\rho = \omega_0 L = \frac{1}{\omega_0 C} = \sqrt{\frac{L}{C}} \qquad (6-26)$$

由式（6-26）可见串联谐振的特性阻抗仅由电路参数 L、C 决定，与激励源的电压、频

率无关。工程上常把特性阻抗 ρ 与 R 的比值来表征谐振电路的性质，该比值称为串联谐振电路的品质因数，记为 Q，即

$$Q = \frac{\rho}{R} = \frac{\omega_0 L}{R} = \frac{1}{\omega_0 C R} = \frac{1}{R}\sqrt{\frac{L}{C}} \tag{6-27}$$

品质因数是一个无量纲的量。回路的品质因数越高，说明回路的损耗越小。由于谐振时电路的电抗比电路中的电阻大很多，Q 值可达到几十到几百。

当 RLC 串联电路发生谐振时总阻抗最小，因此谐振时的电流一定最大；电路呈纯阻性，则电路中的电压和电流的相位同相。谐振时电流为

$$\dot{I}_0 = \frac{\dot{U}_{\text{s}}}{Z} = \frac{\dot{U}_{\text{s}}}{R} \tag{6-28}$$

谐振时各元件电压分别为

$$\begin{cases} \dot{U}_{\text{R0}} = R\dot{I} = \dot{U}_{\text{s}} \\[2mm] \dot{U}_{\text{L0}} = j\omega_0 L \dot{I}_0 = j\omega_0 L \dfrac{\dot{U}_{\text{s}}}{R} = j\dfrac{\omega_0 L}{R}\dot{U}_{\text{s}} = jQ\dot{U}_{\text{s}} \\[2mm] \dot{U}_{\text{C0}} = \dfrac{1}{j\omega_0 C}\dot{I}_0 = -j\dfrac{1}{\omega_0 C}\dfrac{\dot{U}_{\text{s}}}{R} = -jQ\dot{U}_{\text{s}} \end{cases} \tag{6-29}$$

可见，电路谐振时电源电压全部加在等效电阻上，电阻电压达到最大值。电感电压和电容电压大小相等，相位相反。谐振时电感电压和电容电压均为激励电压的 Q 倍，即

$$U_{\text{L0}} = U_{\text{C0}} = QU \tag{6-30}$$

Q 值越大，串联谐振时的电感元件和电容元件的电压就越高。实际串联谐振电路的 Q 值一般都有几十、几百的数值，这意味着谐振时电感（或电容）上的电压可以比输入电压大几十、几百倍。在通信系统和电子技术中，常常利用串联谐振来选择有用信号。在电力工程中，这种高压会使电容器或电感线圈损坏，一般应避免发生串联谐振。

6.3.3 品质因数

品质因数可定义为

$$Q = \frac{Q_{\text{L0}}}{P} = \frac{|Q_{\text{C0}}|}{P} \tag{6-31}$$

式（6-31）描述了 Q 值即为谐振时电感的无功功率或电容的无功功率与平均功率之比。谐振时，电路呈纯阻性，电路的总无功功率为 $Q = 0$，电感和电容的无功功率不为零，分别为

$$Q_{\text{L0}} = \omega_0 L I_0^2, \quad Q_{\text{C0}} = -\frac{1}{\omega_0 C}I_0^2 = -Q_{\text{L0}} \tag{6-32}$$

电路的平均功率等于电阻损耗的功率，即

$$P = R I_0^2 = U^2 / R \tag{6-33}$$

下面讨论谐振电路的能量关系。设谐振时电路的激励 $u_{\text{s}} = \sqrt{2}\,U_{\text{s}}\cos\omega_0 t$，则电感的储能为

$$w_{\mathrm{L}} = \frac{1}{2}Li^2 = LI_0^2\cos^2\omega_0 t \qquad (6-34)$$

电容的储能为

$$w_{\mathrm{C}} = \frac{1}{2}Cu^2 = LI_0^2\sin^2\omega_0 t \qquad (6-35)$$

电路的总储能为

$$w = w_{\mathrm{L}} + w_{\mathrm{C}} = LI_0^2 \qquad (6-36)$$

可见，谐振电路中在任何适合的电磁能量为一常数，说明电路谐振时与激励源之间无能量交换。

电路在一个周期内的耗能为

$$w = RI_0^2 T \qquad (6-37)$$

由此，可得品质因数另一定义为 2π 乘以电路的总储能与电路一个周期内的耗能比，即

$$Q = 2\pi\frac{LI_0^2}{RI_0^2 T} = 2\pi\frac{\text{电路的总储能}}{\text{电路一周期耗能}} \qquad (6-38)$$

电路的耗能越少，品质因数越高，电路的"品质"越好。

例 6-2　如图 6-12 所示为 RLC 串联电路中，$u = 0.1\sqrt{2}\cos\omega t\,\mathrm{V}$，当 $\omega = 10^4\,\mathrm{rad/s}$ 时，电流 i 的有效值最大，其值为 1 A，又已知此时 $U_{\mathrm{L}} = 10\,\mathrm{V}$，求：（1）求 R，L，C 及电路品质因数；（2）求电压 $u_{\mathrm{C}}(t)$。

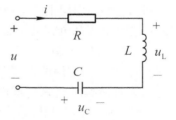

图 6-12　例 6-2 图

解：（1）端口电压的相量为 $\dot{U} = 0.1\angle 0°\,\mathrm{V}$，当发生串联谐振时，端口电流 i 的有效值最大，电路呈纯阻性。

$$R = \frac{U}{I} = \frac{0.1}{1} = 0.1\,\Omega$$

由谐振时电感和电容的电压得

$$\omega L = \frac{U_{\mathrm{L}}}{I} = \frac{10}{1} = 10 = 1\times 10^4 \times L$$

$$\therefore L = 10^{-3}\,\mathrm{H} = 1\,\mathrm{mH}$$

$$\omega L = \frac{1}{\omega C}$$

$$\therefore C = \frac{1}{\omega^2 L} = \frac{1}{10^8 \times 10^{-3}}\,\mathrm{F} = 10^{-5}\,\mathrm{F} = 10\,\mu\mathrm{F}$$

$$Q = \frac{\omega_0 L}{r} = \frac{10^4 \times 10^{-3}}{0.1} = 100$$

（2）电容电压相量为 $\quad \dot{U}_C = \dot{I}\frac{1}{j\omega C} = 1\angle 0° \times \frac{1}{j10^4 \times 10^{-5}}\ \text{V} = 10\angle -90°\ \text{V}$

$$u_C(t) = 10\sqrt{2}\cos(10^4 t - 90°)\ \text{V}$$

6.3.4 频率特性

为讨论图 6-13 所示串联谐振电路的频率特性，选择的策动点导纳函数为

$$H_Y(j\omega) = \frac{\dot{I}}{\dot{U}_S} = \frac{1}{R+j\left(\omega L - \frac{1}{\omega C}\right)} = \frac{\frac{1}{R}}{1+j\frac{\omega_0 L}{R}\left(\frac{\omega}{\omega_0}-\frac{\omega_0}{\omega}\right)} = \frac{Y_0}{1+jQ\left(\frac{\omega}{\omega_0}-\frac{\omega_0}{\omega}\right)} \tag{6-39}$$

式中，$Y_0 = H(j\omega_0) = H_0 = \frac{1}{R}$。为了方便分析，对策动点导纳函数进行归一化处理得

$$N(j\omega) = \frac{H_Y(j\omega)}{Y_0} = \frac{1}{1+jQ\left(\frac{\omega}{\omega_0}-\frac{\omega_0}{\omega}\right)} \tag{6-40}$$

幅频特性曲线如图 6-13a 所示，相频特性曲线如图 6-13b 所示。根据截止频率的定义，当 $|N(j\omega)| = \frac{1}{\sqrt{2}}|N(j\omega)|_{\max}$ 时可确定上、下截止频率 ω_{C1} 和 ω_{C2} 为

$$\omega_{C1} = -\frac{R}{2L} + \sqrt{\left(\frac{R}{2L}\right)^2 + \frac{1}{LC}},\qquad \omega_{C2} = \frac{R}{2L} + \sqrt{\left(\frac{R}{2L}\right)^2 + \frac{1}{LC}} \tag{6-41}$$

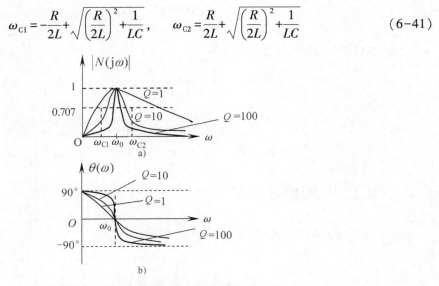

图 6-13　RLC 串联谐振电路的频率响应

由幅频特性可知，串联谐振电路具有带通滤波器的特性。串联谐振电路的通频带为 $\omega_{C1} \sim \omega_{C2}$，这意味着电路对频率在通频带内的信号有较大的输出电流，而频率处于阻带的信号则被电路衰减，输出电流较小。

电路的带宽表示通频带的宽度，用 B_ω 或 B_f 表示。

$$B_\omega = \omega_{C2} - \omega_{C1} = \frac{R}{L} = \frac{\omega_0}{\omega_0 \dfrac{L}{R}} = \frac{\omega_0}{Q} \tag{6-42}$$

或

$$B_f = \frac{f_0}{Q} = \frac{1}{2\pi} \frac{R}{L} \tag{6-43}$$

式（6-43）表明，带宽与谐振频率成正比，而与电路的品质因数成反比。

谐振电路的选择性是指谐振电路具有选出所需信号而同时抑制不需要信号的能力。电路的 Q 值越高，谐振曲线越尖锐，电路对偏离谐振频率的信号的抑制能力越强，电路的选择性越好。反之，选择性越差。

Q 值越高，电路的选择性越好，但电路的通频带越窄。因为实际信号通常都占有一定的频带宽度，如果 Q 值过高，电路的带宽过窄，可能会过多地削弱所需信号的主要频率分量，从而引起信号失真。因此选择合适的 Q 值是很重要的。

例 6-3 一个电感线圈和电容串联，线圈电阻为 16.2 Ω，电感 $L = 0.26$ mH，电容为 100 pF 时发生谐振。（1）求谐振频率和品质因数；（2）设外加电压为 10 μV，其频率等于电路的谐振频率，求电路中的电流和电容电压。

解：（1）根据 RLC 串联谐振电路的谐振条件和工作特点，有

$$f_0 = \frac{1}{2\pi\sqrt{LC}} = \frac{1}{2\pi\sqrt{0.26\times10^{-3}\times100\times10^{-12}}} \text{ Hz} = 990\times10^3 \text{ Hz}$$

$$Q = \frac{\omega_0 L}{R} = \frac{2\pi\times990\times10^3\times0.26\times10^{-3}}{16.2} = 100$$

（2）谐振时的电流和电容电压为

$$I = \frac{U_0}{R} = \frac{10\times10^{-6}}{16.2} \text{ A} = 0.617\times10^{-6} \text{ A}$$

$$X_C = \frac{1}{\omega_0 C} = \frac{1}{2\pi\times990\times10^3\times100\times10^{-12}} \text{ Ω} = 1620 \text{ Ω}$$

$$U_C = X_C I_0 = 1620\times0.617\times10^{-6} \text{ V} = 1\times10^{-3} \text{ V}$$

6.4 GCL 并联谐振电路

GCL 并联谐振电路相量模型如图 6-14 所示。

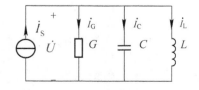

图 6-14 GCL 并联谐振电路相量模型

GCL 并联谐振电路与 RLC 串联谐振电路相对偶，根据对偶特性，得并联谐振电路的导纳为

$$Y(j\omega) = G + j\left(\omega C - \frac{1}{\omega L}\right) = G + jB \qquad (6-44)$$

谐振时端口电压电流同相，即导纳 Y 的虚部为零，则有 $\omega_0 C - \frac{1}{\omega_0 L} = 0$，由此可得谐振角频率（或谐振频率）为

$$\omega_0 = \frac{1}{\sqrt{LC}} \quad \text{或} \quad f_0 = \frac{1}{2\pi\sqrt{LC}} \qquad (6-45)$$

并联谐振时电路的等效导纳最小，为

$$Y_0 = G + jB = G = |Y|_{min} \qquad (6-46)$$

谐振时各元件电流分别为

$$\begin{cases} \dot{I}_{G0} = \dot{I}_S \\ \dot{I}_{C0} = j\omega C \dot{U}_0 = j\omega_0 C \dfrac{\dot{I}_S}{G} = jQ\dot{I}_S \\ \dot{I}_{L0} = \dfrac{\dot{U}_0}{j\omega L} = -j\dfrac{\dot{I}_S}{G\omega_0 L} = -jQ\dot{I}_S \end{cases} \qquad (6-47)$$

可见，并联谐振时电源只提供电导电流，电容电流与电感电流大小相等、相位相反而互相抵消，意味着 LC 支路相当于开路。其中，Q 为电路的品质因数，即

$$Q = \frac{\omega_0 C}{G} = \frac{1}{\omega_0 GL} = \frac{\sqrt{\dfrac{C}{L}}}{G} \qquad (6-48)$$

下面研究并联谐振电路的频率特性。以端口电流为激励，电压为响应，建立电路的策动点阻抗函数为

$$H_Z(j\omega) = \frac{\dot{U}}{\dot{I}} = \frac{1}{G + j\left(\omega C - \dfrac{1}{\omega L}\right)} = \frac{\dfrac{1}{G}}{1 + j\dfrac{\omega_0 C}{G}\left(\dfrac{\omega}{\omega_0} - \dfrac{\omega_0}{\omega}\right)} = \frac{Z_0}{1 + jQ\left(\dfrac{\omega}{\omega_0} - \dfrac{\omega_0}{\omega}\right)} \qquad (6-49)$$

归一化谐振函数为

$$N(j\omega) = \frac{H_Z(j\omega)}{Z_0} = \frac{1}{1 + jQ\left(\dfrac{\omega}{\omega_0} - \dfrac{\omega_0}{\omega}\right)} \qquad (6-50)$$

对应幅频特性和相频特性为

$$|N(j\omega)| = \frac{1}{\sqrt{1 + Q^2\left(\dfrac{\omega}{\omega_0} - \dfrac{\omega_0}{\omega}\right)^2}} \qquad (6-51)$$

$$\theta(\omega) = -\arctan\left(\frac{\omega}{\omega_0} - \frac{\omega_0}{\omega}\right) \qquad (6-52)$$

带宽为
$$B_\omega = \omega_{C2} - \omega_{C1} = \frac{\omega_0}{Q} = \frac{G}{C} \tag{6-53}$$

或
$$B_f = \frac{f_0}{Q} = \frac{1}{2\pi}\frac{G}{C} \tag{6-54}$$

可见，GCL 并联谐振电路同样有带通特性，频率特性曲线类似于图 6-13。

例 6-4 图 6-15 所示的 RLC 并联电路。1）已知 $L = 100\,\text{mH}$，$C = 0.1\,\mu\text{F}$，$R = 10\,\text{k}\Omega$，求 ω_0、Q 和通带宽度 B。2）如需设计一谐振频率 $f_0 = 1\,\text{MHz}$，带宽 $B = 10\,\text{kHz}$ 的谐振电路，已知 $R = 10\,\text{k}\Omega$，求 L 和 C。

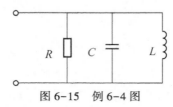

图 6-15　例 6-4 图

解：（1）根据 RLC 并联谐振电路的谐振条件和工作特点，有

$$\omega_0 = \frac{1}{\sqrt{LC}} = \frac{1}{\sqrt{0.1 \times 0.1 \times 10^{-6}}}\,\text{rad/s} = 10^4\,\text{rad/s}$$

$$Q = \frac{R}{\omega_0 L} = \frac{10 \times 10^3}{10^4 \times 0.1} = 10$$

$$B = \frac{1}{2\pi} \times \frac{\omega_0}{Q} = \frac{1}{2\pi} \times \frac{10^4}{10}\,\text{Hz} = 159\,\text{Hz}$$

（2）根据谐振频率及通频带计算公式可知

$$f_0 = 1\,\text{MHz}, \quad B = 10\,\text{kHz}, \quad R = 10\,\text{k}\Omega$$

$$B = \frac{1}{2\pi} \times \frac{\frac{1}{R}}{C}, \quad C = \frac{1}{2\pi BR} = \frac{1}{2\pi \times 10 \times 10^3 \times 10 \times 10^3}\,\text{F} = 1592 \times 10^{-12}\,\text{F} = 1592\,\text{pF}$$

$$f_0 = \frac{1}{2\pi\sqrt{LC}}, \quad L = \frac{1}{4\pi^2 f_0^2 C} = 15.9 \times 10^{-6}\,\text{H} = 15.9\,\mu\text{H}$$

习题

6-1　求题 6-1 图所示电路的转移电流比 $H(j\omega) = \dot{I}_2 / \dot{I}_1$。

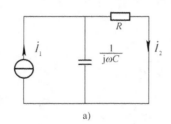
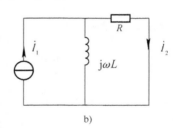

a)　　　　　　　　　　　　b)

题 6-1 图

6-2　求题 6-2 图所示电路的电压传输函数 $H(j\omega) = \dot{U}_2/\dot{U}_1$。

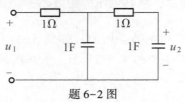

题 6-2 图

6-3　RLC 串联谐振电路如题 6-3 图所示，已知 $U_s = 100\,\text{mV}$，电源频率 $\omega = 4 \times 10^6\,\text{rad/s}$，求谐振时 U_{L0}。

6-4　如题 6-4 图所示电路，已知 $U_s = 100\,\text{mV}$，电路品质因数 $Q = 50$，求谐振时电流 I_0。

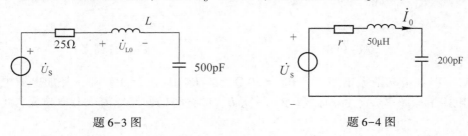

题 6-3 图　　　　　　　　　　　　　　题 6-4 图

6-5　填空题。（1）已知 RLC 串联谐振电路中，$R = 100\,\Omega$，$L = 10\,\text{mH}$，$C = 400\,\text{pF}$，则电路的品质因数 $Q = $ _____，通频带 $B_\omega = $ _____。

（2）RLC 并联电路 $R = 200\,\text{k}\Omega$，$C = 100\,\text{pF}$，$L = 40\,\text{mH}$。则此电路的品质因数 $Q = $ _____，通频带 $BW = $ _____。

（3）RLC 串联电路，$R = 5\,\Omega$，$L = 0.08\,\text{H}$，电源电压 $U = 10\,\text{mV}$，$\omega = 5000\,\text{rad/s}$。则电路发生谐振时的电容 $C = $ _____，电容电压 $U_C = $ _____。

6-6　如题 6-6 图所示电路，求其并联谐振频率 f_0。

6-7　如题 6-7 所示并联谐振电路，求其品质因数 Q。

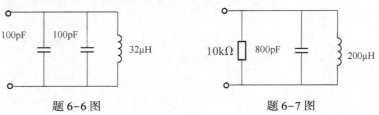

题 6-6 图　　　　　　　　　　　　　　题 6-7 图

6-8　电路如题 6-8 图所示，互感 $M = 60\,\mu\text{H}$，求电路的串联谐振角频率 ω_0。

6-9　串联谐振电路如题 6-9 图所示，求其通频带 B_f。

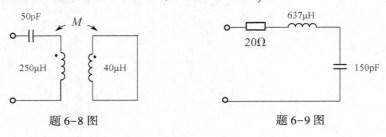

题 6-8 图　　　　　　　　　　　　　　题 6-9 图

6-10 电路如题6-10图所示，求其电压传输函数$\dfrac{\dot{U}_2}{\dot{U}_1}$。

6-11 串联谐振电路实验所得电流谐振曲线如题6-11图所示，其中$f_0 = 475\,\text{kHz}$，$f_1 = 472\,\text{kHz}$，$f_2 = 478\,\text{kHz}$。已知回路中电感$L = 500\,\mu\text{H}$，求回路品质因数Q及回路的电阻R、电容C。

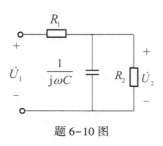
题 6-10 图

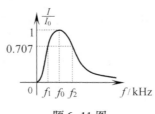
题 6-11 图

6-12 RLC串联谐振电路，已知$r = 10\,\Omega$，$L = 64\,\mu\text{H}$，$C = 100\,\text{pF}$，外加电源电压$U_s = 1\,\text{V}$。求电路谐振频率f_0、品质因数Q、带宽B、谐振时的回路电流I_0和电抗元件上的电压U_L和U_C。

6-13 设计一RLC并联电路，谐振频率$f = 1\,\text{MHz}$，带宽$B = 20\,\text{kHz}$的谐振电路，已知$R = 10\,\text{k}\Omega$，求L和C。

6-14 当电源电压$u = \sqrt{2}\cos 5000t\,\text{V}$时，RLC串联电路发生谐振，已知$R = 5\,\Omega$，$L = 400\,\text{mH}$，求电容$C$的值，并求电路中电流和各元件电压的瞬时表达式。

6-15 设计一RLC串联电路，使其谐振频率$\omega = 1000\,\text{rad/s}$，品质因数为80，且谐振时的阻抗为$10\,\Omega$，求其带宽$B$。

6-16 设计一RLC并联电路，使其谐振频率$\omega = 1000\,\text{rad/s}$，且谐振时阻抗为$1000\,\Omega$，带宽$B = 100\,\text{rad/s}$，求其品质因数。

第7章 二端口网络

工程实际中有着一类广泛的电路，这一类电路与外电路有数个端子相连，称为多端网络或多端电路。如果一个电路网络是由两个端口与外电路相连，则称为二端网络（也称一端口网络）。如果流入二端网络一个端子的电流等于流出另一个端子的电流，则这对端子就形成一个端口，这个条件称为端口条件。通常只需研究这类网络的端钮间的伏安特性。本章主要讨论多端网络中常见的二端口网络，研究二端口网络的基本概念、参数和方程、等效电路以及网络函数等。

7.1 二端口网络的基本概念

在实际工程中，常见的二端口网络如图7-1a~c所示，依次是变压器、晶体管放大器和滤波器等。如果只研究其两个端口的电压、电流之间的关系，那么，无论网络内部如何复杂，都可以用一个方框把两个端口之间的网络框起来。

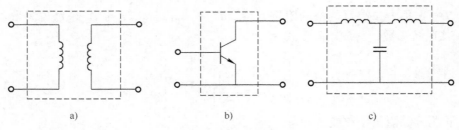

a)   b)   c)

图 7-1 二端口网络示例

具有两个端口的四端网络即为二端口网络，简称为二端口，如图7-2a所示。二端口网络的端口电流应满足端口条件，否则不能称其为二端口网络。如果四端网络的四个端钮电流不是成对相等，不满足端口条件，那么这样的四端网络不是二端口网络。

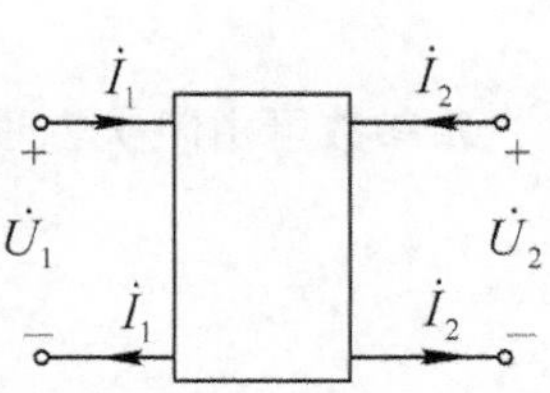

本章研究的是由电阻、电容、电感和线性受控源组成的线性二端口网络，其内部不含独立源，也没有与外界耦合的元件。分析时按正弦稳态来考虑，应用相量法，即按图7-2所示的相量模型进行分析，设端口电压和端口电流为关联参考方向。一般将二端口网络的左端口称为输入端口（或入口），将右端口称为输出端口（或出口）。

图 7-2 二端口网络
端口条件

7.2 二端口网络的方程和参数

与前面研究的其他电路元件一样，研究二端口网络主要考虑其端口上的伏安特性。二端口的伏安特性用一些参数来表示，这些参数只与构成二端口本身的元件及它们的连接方式有关，与外加激励无关。对于线性无源二端口网络，端口变量共有四个：$\dot{U}_1$、$\dot{U}_2$、$\dot{I}_1$ 和 $\dot{I}_2$（一般均以图 7-3 所示参考方向进行研究）。这四个变量中若任取两个作为自变量（激励），另外两个作为因变量（响应），共有六种选法，所以可写出六组描述端口变量关系的方程，方程的系数即为网络参数。

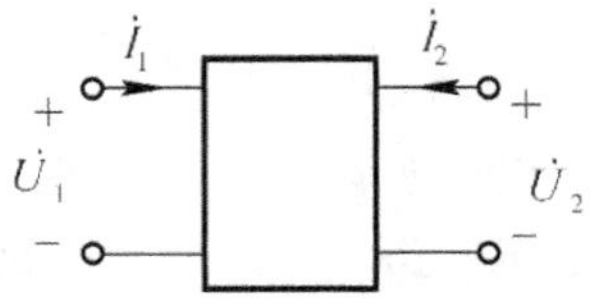

图 7-3　二端口网络的相量模型

7.2.1　Z 方程和 Z 参数

在如图 7-3 所示二端口网络中，当两个端口激励为 $\dot{I}_1$ 和 $\dot{I}_2$，产生的端口电压为 $\dot{U}_1$ 和 $\dot{U}_2$，根据线性电路的叠加定理，端口电压可看成是每一个电流源单独作用时产生的电压之和，即

$$\dot{U}_1 = z_{11}\dot{I}_1 + z_{12}\dot{I}_2$$
$$\dot{U}_2 = z_{21}\dot{I}_1 + z_{22}\dot{I}_2$$

(7-1)

式（7-1）称为二端口网络的阻抗方程。式中，z_{11}、z_{12}、z_{21}、z_{22} 称为 Z 参数（具有阻抗单位）或阻抗参数，写成矩阵形式为

$$\begin{bmatrix} \dot{U}_1 \\ \dot{U}_2 \end{bmatrix} = \begin{bmatrix} z_{11} & z_{12} \\ z_{21} & z_{22} \end{bmatrix} \begin{bmatrix} \dot{I}_1 \\ \dot{I}_2 \end{bmatrix} = \boldsymbol{Z} \begin{bmatrix} \dot{I}_1 \\ \dot{I}_2 \end{bmatrix}$$

(7-2)

式中，$\boldsymbol{Z}$ 称为开路阻抗参数或 $\boldsymbol{Z}$ 矩阵，即

$$\boldsymbol{Z} = \begin{bmatrix} z_{11} & z_{12} \\ z_{21} & z_{22} \end{bmatrix}$$

(7-3)

$\boldsymbol{Z}$ 参数可由阻抗方程分别令 $\dot{I}_1 = 0$ 和 $\dot{I}_2 = 0$ 的条件下求得，并由此得到物理意义为

$$z_{11} = \frac{\dot{U}_1}{\dot{I}_1}\bigg|_{\dot{I}_2=0} \quad \text{（出口开路时的输入阻抗）}$$

(7-4)

$$z_{21} = \frac{\dot{U}_2}{\dot{I}_1}\bigg|_{\dot{I}_2=0} \quad \text{（出口开路时的转移阻抗）}$$

(7-5)

$$z_{12} = \frac{\dot{U}_1}{\dot{I}_2}\bigg|_{\dot{I}_1=0} \quad \text{（入口开路时的转移阻抗）}$$

(7-6)

$$z_{22} = \frac{\dot{U}_2}{\dot{I}_2}\bigg|_{i_1=0} \quad \text{（入口开路时的输出阻抗）} \tag{7-7}$$

不难看出，$\mathbf{Z}$ 参数具有阻抗性质。此外，$\mathbf{Z}$ 参数还可直接利用二端口网络中电压、电流间的伏安关系来求取。

例 7-1 设图 7-4 所示电路中元件 Z_1、Z_2、Z_3 已知，求该 T 形二端口网络的 $\mathbf{Z}$ 参数。

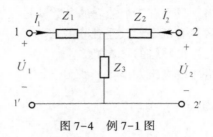

图 7-4 例 7-1 图

解：解法一，利用二端口网络端口方程求解。

首先列写二端口网络端口电压方程为

$$\dot{U}_1 = Z_1 \dot{I}_1 + Z_3(\dot{I}_1 + \dot{I}_2)$$

$$\dot{U}_2 = Z_2 \dot{I}_2 + Z_3(\dot{I}_1 + \dot{I}_2)$$

整理得

$$\dot{U}_1 = (Z_1 + Z_3)\dot{I}_1 + Z_3 \dot{I}_2$$

$$\dot{U}_2 = Z_3 \dot{I}_1 + (Z_2 + Z_3)\dot{I}_2$$

所以

$$\mathbf{Z} = \begin{bmatrix} Z_1 + Z_3 & Z_3 \\ Z_3 & Z_2 + Z_3 \end{bmatrix}$$

解法二，利用 $\mathbf{Z}$ 参数物理意义求解。

令 22′端口开路，即 $\dot{I}_2 = 0$，得

$$z_{11} = \frac{\dot{U}_1}{\dot{I}_1}\bigg|_{i_2=0} = Z_1 + Z_3$$

$$z_{21} = \frac{\dot{U}_2}{\dot{I}_1}\bigg|_{i_2=0} = Z_3$$

令 11′端口开路，即 $\dot{I}_1 = 0$，得

$$z_{12} = \frac{\dot{U}_1}{\dot{I}_2}\bigg|_{i_1=0} = Z_3$$

$$z_{22} = \frac{\dot{U}_2}{\dot{I}_2}\bigg|_{\dot{I}_1=0} = Z_2 + Z_3$$

即
$$\boldsymbol{Z} = \begin{bmatrix} Z_1 + Z_3 & Z_3 \\ Z_3 & Z_2 + Z_3 \end{bmatrix}$$

该题中的 $z_{12} = z_{21}$，称该二端口网络为互易二端口网络。

任何一个互易二端口网络，只要有 3 个独立的参数就足以表征其性能。对于对称的二端口网络还有 $z_{11} = z_{22}$ 的关系，故只有两个参数是独立的。

例 7-2 求图 7-5 所示二端口网络的 **Z** 参数。

解：首先列写二端口网络端口电压方程：

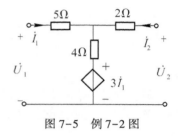

$$\dot{U}_1 = 5 \times \dot{I}_1 + 4(\dot{I}_1 + \dot{I}_2) + 3\dot{I}_1$$

$$\dot{U}_2 = 2\dot{I}_2 + 4(\dot{I}_1 + \dot{I}_2) + 3\dot{I}_1$$

整理得

$$\dot{U}_1 = 12\dot{I}_1 + 4\dot{I}_2$$

$$\dot{U}_2 = 7\dot{I}_1 + 6\dot{I}_2$$

图 7-5　例 7-2 图

所以

$$\boldsymbol{Z} = \begin{bmatrix} 12 & 4 \\ 7 & 6 \end{bmatrix} \Omega$$

7.2.2　导纳方程和 **Y** 参数

在如图 7-3 所示二端口网络中，当两个端口激励为 $\dot{U}_1$ 和 $\dot{U}_2$，产生的端口电压为 $\dot{I}_1$ 和 $\dot{I}_2$ 时，根据线性电路的叠加定理，端口电流可看成是每一个电压源单独作用时产生的电流之和，即

$$\dot{I}_1 = y_{11}\dot{U}_1 + y_{12}\dot{U}_2$$
$$\dot{I}_2 = y_{21}\dot{U}_1 + y_{22}\dot{U}_2 \tag{7-8}$$

式（7-8）称为二端口网络的导纳方程。式中，y_{11}、y_{12}、y_{21}、y_{22} 称为 **Y** 参数（具有导纳单位）或导纳参数，写成矩阵形式为

$$\begin{bmatrix} \dot{I}_1 \\ \dot{I}_2 \end{bmatrix} = \begin{bmatrix} y_{11} & y_{12} \\ y_{21} & y_{22} \end{bmatrix} \begin{bmatrix} \dot{U}_1 \\ \dot{U}_2 \end{bmatrix} = \boldsymbol{Y} \begin{bmatrix} \dot{U}_1 \\ \dot{U}_2 \end{bmatrix} \tag{7-9}$$

式中，**Y** 称为短路导纳参数或 **Y** 矩阵，即

$$\boldsymbol{Y} = \begin{bmatrix} y_{11} & y_{12} \\ y_{21} & y_{22} \end{bmatrix} \tag{7-10}$$

Y 参数可由导纳方程分别令 $\dot{U}_1 = 0$ 和 $\dot{U}_2 = 0$ 的条件下求得，并由此得到物理意义为

$$y_{11} = \frac{\dot{I}_1}{\dot{U}_1}\bigg|_{\dot{U}_2=0} \quad \text{（出口短路时的输入导纳）} \tag{7-11}$$

$$y_{21} = \frac{\dot{I}_2}{\dot{U}_1}\bigg|_{\dot{U}_2=0} \quad \text{（出口短路时的转移导纳）} \tag{7-12}$$

$$y_{12} = \frac{\dot{I}_1}{\dot{U}_2}\bigg|_{\dot{U}_1=0} \quad \text{（入口短路时的反向转移导纳）} \tag{7-13}$$

$$y_{22} = \frac{\dot{I}_2}{\dot{U}_2}\bigg|_{\dot{U}_1=0} \quad \text{（入口短路时的输出导纳）} \tag{7-14}$$

可见，$\boldsymbol{Y}$ 参数具有导纳性质。此外，$\boldsymbol{Y}$ 参数还可直接利用二端口网络中电压、电流间的伏安关系来求取。或者利用 $\boldsymbol{Z}$ 参数和 $\boldsymbol{Y}$ 参数矩阵之间满足互逆关系来求解，即

$$\boldsymbol{Y} = \boldsymbol{Z}^{-1}, \qquad \boldsymbol{Z} = \boldsymbol{Y}^{-1} \tag{7-15}$$

例 7-3 求图 7-6 所示二端口网络的 $\boldsymbol{Y}$ 参数。

解： 解法一，由 $\boldsymbol{Y}$ 参数的物理意义求解。

令 $22'$ 端口短路，即 $\dot{U}_2=0$，得

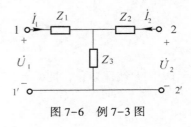

图 7-6　例 7-3 图

$$y_{11} = \frac{\dot{I}_1}{\dot{U}_1}\bigg|_{\dot{U}_2=0} = \frac{Z_2+Z_3}{Z_1Z_2+Z_2Z_3+Z_1Z_3}$$

$$y_{21} = \frac{\dot{I}_2}{\dot{U}_1}\bigg|_{\dot{U}_2=0} = \frac{-Z_3}{Z_1Z_2+Z_2Z_3+Z_1Z_3}$$

令 $11'$ 端口短路，即 $\dot{U}_1=0$，得

$$y_{12} = \frac{\dot{I}_1}{\dot{U}_2}\bigg|_{\dot{U}_1=0} = \frac{-Z_3}{Z_1Z_2+Z_2Z_3+Z_1Z_3}$$

$$y_{22} = \frac{\dot{I}_2}{\dot{U}_2}\bigg|_{\dot{U}_1=0} = \frac{Z_1+Z_3}{Z_1Z_2+Z_2Z_3+Z_1Z_3}$$

所以

$$\boldsymbol{Y} = \begin{bmatrix} \dfrac{Z_2+Z_3}{Z_1Z_2+Z_2Z_3+Z_1Z_3} & \dfrac{-Z_3}{Z_1Z_2+Z_2Z_3+Z_1Z_3} \\[3mm] \dfrac{-Z_3}{Z_1Z_2+Z_2Z_3+Z_1Z_3} & \dfrac{Z_1+Z_3}{Z_1Z_2+Z_2Z_3+Z_1Z_3} \end{bmatrix}$$

解法二，由 $\boldsymbol{Y}=\boldsymbol{Z}^{-1}$ 求 $\boldsymbol{Y}$ 参数。

该网络的 $\boldsymbol{Z}$ 参数如例 7-1 所示，为

$$\boldsymbol{Z} = \begin{bmatrix} Z_1+Z_3 & Z_3 \\ Z_3 & Z_2+Z_3 \end{bmatrix}$$

则

$$Y = Z^{-1} = \begin{bmatrix} Z_1 + Z_3 & Z_3 \\ Z_3 & Z_2 + Z_3 \end{bmatrix}^{-1} = \begin{bmatrix} \dfrac{Z_2 + Z_3}{\Delta_z} & \dfrac{-Z_3}{\Delta_z} \\ \dfrac{-Z_3}{\Delta_z} & \dfrac{Z_1 + Z_3}{\Delta_z} \end{bmatrix}$$

该题中的 $y_{12} = y_{21}$，称该二端口网络为互易二端口网络。

若互易二端口网络有 $y_{11} = y_{22}$ 的关系，则只有两个参数是独立的，称为对称互易二端口网络。

例 7-4 求图 7-7 所示二端口网络的 Y 参数。

解：解法一，由参数的物理意义求解。

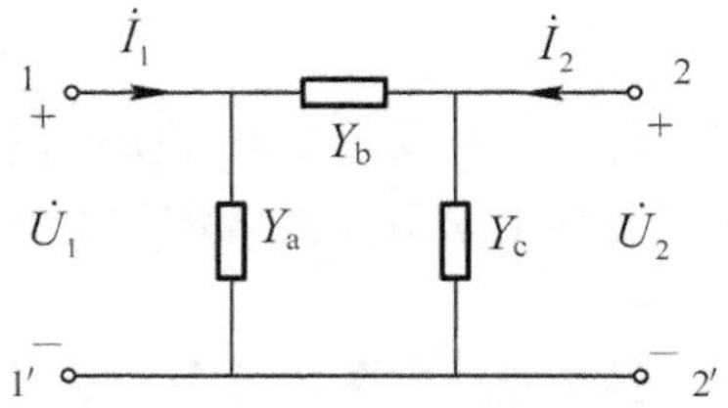

令 22′端口短路，即 $\dot{U}_2 = 0$，得

$$y_{11} = \left.\frac{\dot{I}_1}{\dot{U}_1}\right|_{\dot{U}_2 = 0} = Y_a + Y_b$$

$$y_{21} = \left.\frac{\dot{I}_2}{\dot{U}_1}\right|_{\dot{U}_2 = 0} = -Y_b$$

令 11′端口短路，即 $\dot{U}_1 = 0$，得

$$y_{12} = \left.\frac{\dot{I}_1}{\dot{U}_2}\right|_{\dot{U}_1 = 0} = -Y_b$$

$$y_{22} = \left.\frac{\dot{I}_2}{\dot{U}_2}\right|_{\dot{U}_1 = 0} = Y_b + Y_c$$

图 7-7 例 7-4 图

解法二，列写二端口网络端口电流方程。

$$\begin{cases} \dot{I}_1 = Y_a \dot{U}_1 + (\dot{U}_1 - \dot{U}_2) Y_b = (Y_a + Y_b) \dot{U}_1 - Y_b \dot{U}_2 \\ \dot{I}_2 = Y_c \dot{U}_2 + (\dot{U}_2 - \dot{U}_1) Y_b = -Y_b \dot{U}_1 + (Y_b + Y_c) \dot{U}_2 \end{cases}$$

所以

$$Y = \begin{bmatrix} Y_a + Y_b & -Y_b \\ -Y_b & Y_b + Y_c \end{bmatrix} \text{S}$$

该题中的 $y_{12} = y_{21}$，称该二端口网络为互易二端口网络。

例 7-5 求图 7-8 所示二端口网络的 Y 参数。

解：列写二端口网络端口电流方程。

$$\begin{cases} \dot{I}_1 = Y_a \dot{U}_1 + (\dot{U}_1 - \dot{U}_2) Y_b \\ \dot{I}_2 = \beta \dot{U}_1 + Y_c \dot{U}_2 + (\dot{U}_2 - \dot{U}_1) Y_b \end{cases}$$

整理得

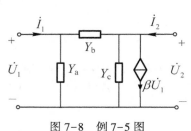

图 7-8 例 7-5 图

$$\begin{cases} \dot{I}_1 = (Y_a + Y_b)\dot{U}_1 - Y_b\dot{U}_2 \\ \dot{I}_2 = (\beta - Y_b)\dot{U}_1 + (Y_b + Y_c)\dot{U}_2 \end{cases}$$

所以得

$$Y = \begin{bmatrix} Y_a + Y_b & -Y_b \\ \beta - Y_b & Y_b + Y_c \end{bmatrix} S$$

注意，该二端网络含有受控源，$y_{12} \neq y_{21}$，故该二端口网络不是互易二端口网络。

7.2.3 混合方程和 H、G 参数

在如图 7-3 所示二端口网络中，当两个端口激励为 $\dot{I}_1$ 和 $\dot{U}_2$，产生的端口电压为 $\dot{U}_1$ 和 $\dot{I}_2$ 时，根据线性电路的叠加定理，可得电路的一组混合方程，即

$$\dot{U}_1 = h_{11}\dot{I}_1 + h_{12}\dot{U}_2$$
$$\dot{I}_2 = h_{21}\dot{I}_1 + h_{22}\dot{U}_2 \tag{7-16}$$

式（7-16）称为二端口网络的混合方程。式中，h_{11}、h_{12}、h_{21}、h_{22} 称为 H 参数，写成矩阵形式为

$$\begin{bmatrix} \dot{U}_1 \\ \dot{I}_2 \end{bmatrix} = \begin{bmatrix} h_{11} & h_{12} \\ h_{21} & h_{22} \end{bmatrix} \begin{bmatrix} \dot{I}_1 \\ \dot{U}_2 \end{bmatrix} = H \begin{bmatrix} \dot{I}_1 \\ \dot{U}_2 \end{bmatrix} \tag{7-17}$$

式中，H 称为 H 参数矩阵，即

$$H = \begin{bmatrix} h_{11} & h_{12} \\ h_{21} & h_{22} \end{bmatrix} \tag{7-18}$$

H 参数可由混合方程分别令 $\dot{I}_1 = 0$ 和 $\dot{U}_2 = 0$ 的条件下求得，并由此得到物理意义为

$$h_{11} = \frac{\dot{U}_1}{\dot{I}_1}\bigg|_{\dot{U}_2 = 0} \quad （出口短路时的输入阻抗） \tag{7-19}$$

$$h_{21} = \frac{\dot{I}_2}{\dot{I}_1}\bigg|_{\dot{U}_2 = 0} \quad （出口短路时的正向电流比） \tag{7-20}$$

$$h_{12} = \frac{\dot{U}_1}{\dot{U}_2}\bigg|_{\dot{I}_1 = 0} \quad （入口开路时的反向转移电压比） \tag{7-21}$$

$$h_{22} = \frac{\dot{I}_2}{\dot{U}_2}\bigg|_{\dot{I}_1 = 0} \quad （入口开路时的输出导纳） \tag{7-22}$$

可见，h_{11}、h_{21} 具有短路参数的性质，h_{12}、h_{22} 具有开路参数的性质。对于互易网络，4 个参数中有 3 个是独立，即

$$h_{12} = -h_{21} \tag{7-23}$$

若互易二端口网络是对称的，还有 $h_{11}h_{22}-h_{12}h_{21}=1$，称为对称互易二端口网络。

当两个端口激励为 $\dot{U}_1$、$\dot{I}_2$，产生的端口电压为 $\dot{I}_1$、$\dot{U}_2$，根据线性电路的叠加定理，可以得到另一组混合方程为

$$\dot{I}_1 = g_{11}\dot{U}_1 + g_{12}\dot{I}_2$$
$$\dot{U}_2 = g_{21}\dot{U}_1 + g_{22}\dot{I}_2$$

(7-24)

式中，g_{11}、g_{12}、g_{21}、g_{22} 称为 **G** 参数。

H、**G** 参数可以通过物理意义求取，也可通过端口的伏安关系得到。

例 7-6 图 7-9 所示电路为晶体管在小信号工作条件下得等效电路，求它的 **H** 参数。

解： 通过列写方程来求解。由端口伏安关系得

$$\dot{U}_1 = r_{be}\dot{I}_1 + \gamma\dot{U}_2$$
$$\dot{I}_2 = \beta\dot{I}_1 + \frac{1}{R_{ce}}\dot{U}_2$$

所以

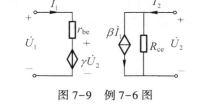

图 7-9　例 7-6 图

$$H = \begin{bmatrix} r_{be} & \gamma \\ \beta & \dfrac{1}{R_{ce}} \end{bmatrix}$$

H 参数在晶体管电路中有广泛应用。

7.2.4　传输方程和 **A**、**B** 参数

在如图 7-3 所示二端口网络中，当两个端口激励为 $\dot{U}_2$ 和 $\dot{I}_2$，产生的端口电压为 $\dot{U}_1$ 和 $\dot{I}_1$，根据线性电路的叠加定理，可得电路的一组传输方程，即

$$\dot{U}_1 = a_{11}\dot{U}_2 + a_{12}(-\dot{I}_2)$$
$$\dot{I}_1 = a_{21}\dot{U}_2 + a_{22}(-\dot{I}_2)$$

(7-25)

式（7-25）称为二端口网络的传输方程。式中，a_{11}、a_{12}、a_{21}、a_{22} 称为 **A** 参数，写成矩阵形式为

$$\begin{bmatrix} \dot{U}_1 \\ \dot{I}_1 \end{bmatrix} = \begin{bmatrix} a_{11} & a_{12} \\ a_{21} & a_{22} \end{bmatrix} \begin{bmatrix} \dot{U}_2 \\ -\dot{I}_2 \end{bmatrix} = A \begin{bmatrix} \dot{U}_2 \\ -\dot{I}_2 \end{bmatrix}$$

(7-26)

式中，**A** 称为 **A** 参数矩阵，即

$$A = \begin{bmatrix} a_{11} & a_{12} \\ a_{21} & a_{22} \end{bmatrix}$$

(7-27)

A 参数可由传输方程分别令 $\dot{U}_2=0$ 和 $\dot{I}_2=0$ 的条件下求得，并由此得到物理意义为

$$a_{11} = \left.\frac{\dot{U}_1}{\dot{U}_2}\right|_{\dot{I}_2 = 0} \quad (\text{出口开路时的电压比}) \tag{7-28}$$

$$a_{21} = \left.\frac{\dot{I}_1}{\dot{U}_2}\right|_{\dot{I}_2 = 0} \quad (\text{出口开路时的转移导纳}) \tag{7-29}$$

$$a_{12} = \left.\frac{\dot{U}_1}{-\dot{I}_2}\right|_{\dot{U}_2 = 0} \quad (\text{出口短路时的转移阻抗}) \tag{7-30}$$

$$a_{22} = \left.\frac{\dot{I}_1}{-\dot{I}_2}\right|_{\dot{U}_2 = 0} \quad (\text{出口短路时的电流比}) \tag{7-31}$$

可见，a_{11}、a_{21} 具有开路参数的性质，a_{12}、a_{22} 具有短路参数的性质。

对于互易网络，有 $a_{11}a_{22} - a_{12}a_{21} = 1$。可见互易网络有 3 个参数是独立的。

当两个端口激励为 $\dot{U}_1$、$\dot{I}_1$，产生的端口电压为 $\dot{U}_2$、$\dot{I}_2$，根据线性电路的叠加定理，可以得到另一组传输参数 **B** 方程为

$$
\begin{aligned}
\dot{U}_2 &= b_{11}\dot{U}_1 + b_{12}(-\dot{I}_1) \\
\dot{I}_2 &= b_{21}\dot{U}_1 + b_{22}(-\dot{I}_1)
\end{aligned}
\tag{7-32}
$$

式中，b_{11}、b_{12}、b_{21}、b_{22} 称为 **B** 参数。

同样，**A**、**B** 参数除了可通过物理意义求取外，也可通过端口的伏安关系得到。

例 7-7　求图 7-10 所示理想变压器的 **A** 参数。

解：由端口伏安关系得

$$\dot{U}_1 = n\dot{U}_2$$

$$\dot{I}_1 = -\frac{1}{n}\dot{I}_2 = \frac{1}{n}(-\dot{I}_2)$$

例 7-10　例 7-7 图

则

$$A = \begin{bmatrix} n & 0 \\ 0 & \dfrac{1}{n} \end{bmatrix}$$

传输参数在电力传输系统中有广泛应用。

7.2.5　各参数间的关系

上面介绍了描述二端口网络的 6 种方程和参数，就是说，同一个二端口网络可以用以上所述的各种方程和参数来描述。因此，这 6 种方程和参数之间存在着确定的关系。当知道了二端口网络的某种参数后，可以通过对方程的变换运算来求得该电路的任何一种参数。但应该注意，并非每个二端口网络都存在 6 种参数，有些电路只存在某几种参数。如果已知二端口网络的某一种参数（或更易求得该参数）而欲求另一种参数，可利用参数间的关系求取。

二端口网络分为互易的或非互易的，若满足互易特性，则称该二端网络为互易网络，各

种参数满足如下关系：

$$z_{12} = z_{21}$$
$$y_{12} = y_{21}$$
$$h_{12} = -h_{21}$$
$$\Delta_A = a_{11}a_{22} - a_{12}a_{21} = 1$$

即互易二端口电路仅有三个独立的参数。一般地，由线性 R、L、C 元件组成的无源二端口网络为互易网络，而含受控源的线性二端口网络大多数不是互易网络。

若互易二端口电路又满足对称性，则有

$$z_{12} = z_{21} \qquad z_{11} = z_{22}$$
$$y_{12} = y_{21} \qquad y_{11} = y_{22}$$
$$h_{12} = -h_{21} \qquad \Delta_H = 1$$
$$\Delta_A = 1 \qquad a_{11} = a_{22}$$

即对称互易二端口电路仅有两个独立的参数。

7.3 二端口网络的等效

7.3.1 二端口网络的 Z 参数等效电路

二端口网络的 Z 参数方程实质上是一组 KVL 方程，即如式（7-1）所示。根据式（7-1），二端口网络可以用含有两个电流控制电压源的受控电源来等效，如图 7-11a 所示。

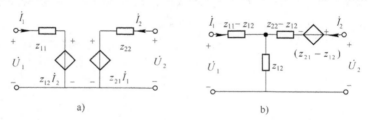

图 7-11　Z 参数等效电路

若将式（7-1）进行变换，即

$$\dot{U}_1 = (z_{11} - z_{12})\dot{I}_1 + z_{12}(\dot{I}_1 + \dot{I}_2)$$
$$\dot{U}_2 = (z_{22} - Z_{12})\dot{I}_2 + z_{12}(\dot{I}_1 + \dot{I}_2) + (z_{21} - z_{12})\dot{I}_1 \tag{7-33}$$

由式（7-33）可画出含单受控源的等效电路，如图 7-11b 所示。

如果二端口网络是互易网络，则 $z_{21} = z_{12}$，那么二端口网络中将不含受控电压源，因此可得到如图 7-12 所示的简单 T 形等效电路。

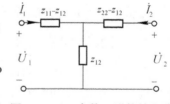

图 7-12　Z 参数 T 形等效电路

7.3.2 二端口网络的 *Y* 参数等效电路

二端口网络的 **Y** 参数方程实质上是一组 KCL 方程，即式（7-8）所示。由此可画出含有两个电压控制电流源的等效电路，如图 7-13a 所示。

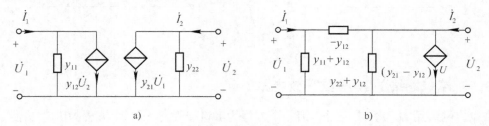

图 7-13 ***Y* 参数等效电路**

若将上式进行一下变换，即有

$$\begin{aligned}\dot{I}_1&=(y_{11}+y_{12})\dot{U}_1-y_{12}(\dot{U}_1-\dot{U}_2)\\ \dot{I}_2&=(y_{22}+y_{12})\dot{U}_2-y_{12}(\dot{U}_2-\dot{U}_1)+(y_{21}-y_{12})\dot{U}_1\end{aligned}\qquad(7\text{-}34)$$

由式（7-34）可建立如图 7-13b 所示的含有单受控源的等效电路。

如果二端口网络是互易网络，则 $y_{12}=y_{21}$，那么二端口网络将不含受控电流源，因此可得到如图 7-14 所示的简单 π 形等效电路。

图 7-14 ***Y* 参数等效电路**

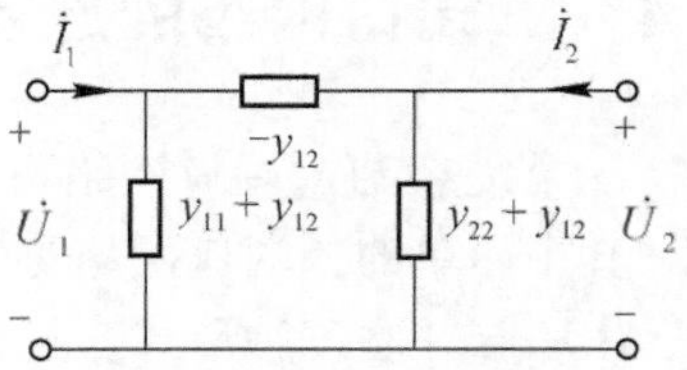

例 7-8 已知某二端口网络的 **A** 参数矩阵为 $\boldsymbol{A}=\begin{bmatrix}4&3\\9&7\end{bmatrix}$，试分别求它的 T 形等效电路和 π 形等效电路。

解： 由已知条件可知该二端网络可能为纯电阻网络，其传输方程可表示为

$$\begin{aligned}U_1&=4U_2-3I_2\\ I_1&=9U_2-7I_2\end{aligned}$$

经过整理可得此网络的 **Z** 方程为

$$\begin{aligned}U_1&=4\left(\frac{1}{9}I_1+\frac{7}{9}I_2\right)-3I_2=\frac{4}{9}I_1+\frac{1}{9}I_2\\ U_2&=\frac{1}{9}I_1+\frac{7}{9}I_2\end{aligned}$$

所以该网络的 **Z**、**Y** 参数分别为

$$\boldsymbol{Z}=\begin{bmatrix}\frac{4}{9}&\frac{1}{9}\\ \frac{1}{9}&\frac{7}{9}\end{bmatrix}\Omega\quad \boldsymbol{Y}=\boldsymbol{Z}^{-1}=\begin{bmatrix}\frac{7}{3}&-\frac{1}{3}\\ -\frac{1}{3}&\frac{4}{3}\end{bmatrix}\text{S}$$

可得网络的 T 形等效电路和 π 形等效电路分别如图 7-15a、b 所示。

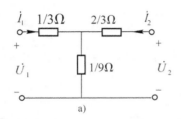

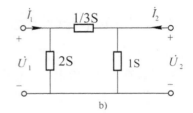

图 7-15　例 7-8 图

7.3.3　二端口网络的 H 参数等效电路

二端口网络用 H 参数表征时，第一个方程为 KVL 方程，第二个方程为 KCL 方程，即如式（7-16）所示。由此可画出二端口网络的 H 参数等效电路，如图 7-16 所示。

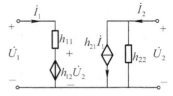

在电子线路中，共发射极连接的晶体管常用 H 参数来描述其端口特性。此时 h_{11} 为晶体管的输入电阻，h_{22} 为它的输出电导，h_{12} 为电压反馈系数，h_{21} 为其电流放大系数（习惯上用 β 表示）。对一般晶体管，h_{12} 很小（约 10^{-4} 左右），h_{22} 也很小（约 10^{-5}S 左右），所以在其等效电路中常令 $h_{12} \approx h_{21} \approx 0$，使其简化。

图 7-16　H 参数等效电路

7.4　二端口网络的连接

一个复杂的二端口网络可以看成是由若干个简单的二端口网络按某种连接方式连接而成，其中简单的二端口网络称为子电路，分解后可以使计算简单化。常见的连接方式有级联、串联与并联三种形式。复合二端口网络可看成是由子二端口网络连接构成的，各个子网络必须满足端口条件。

1. 级联

将前一个二端口网络的输出为后一个二端口网络的输入，则这两个二端口网络构成了级联状态，如图 7-17 所示。

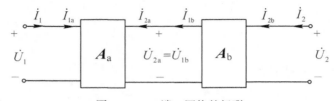

图 7-17　二端口网络的级联

观察图 7-17 可知，当左边的子二端口网络 N_1 的传输矩阵为 A_a，右边的子二端口网络 N_2 的传输矩阵为 A_b，有

$$\begin{bmatrix} \dot{U}_1 \\ \dot{I}_1 \end{bmatrix} = \boldsymbol{A}_\mathrm{a} \begin{bmatrix} \dot{U}_{2\mathrm{a}} \\ -\dot{I}_{2\mathrm{a}} \end{bmatrix} = \boldsymbol{A}_\mathrm{a} \begin{bmatrix} \dot{U}_{1\mathrm{b}} \\ \dot{I}_{1\mathrm{b}} \end{bmatrix} = \boldsymbol{A}_\mathrm{a} \boldsymbol{A}_\mathrm{b} \begin{bmatrix} \dot{U}_2 \\ -\dot{I}_2 \end{bmatrix}$$

故级联后复合二端口网络的 $\boldsymbol{A}$ 参数矩阵满足

$$\boldsymbol{A} = \boldsymbol{A}_\mathrm{a} \boldsymbol{A}_\mathrm{b} \tag{7-35}$$

2. 串联

如果两个子二端口网络的输入端口串联，输出端口也串联，则称这两个子二端口网络串联，如图 7-18 所示。

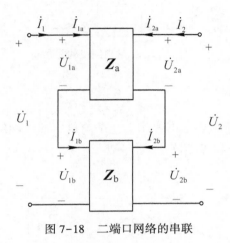

图 7-18　二端口网络的串联

观察图 7-18 可知，当上边的子二端口网络的阻抗矩阵为 $\boldsymbol{Z}_\mathrm{a}$，下边的子二端口网络的阻抗矩阵为 $\boldsymbol{Z}_\mathrm{b}$，有

$$\begin{bmatrix} \dot{U}_1 \\ \dot{U}_2 \end{bmatrix} = \begin{bmatrix} \dot{U}_{1\mathrm{a}} \\ \dot{U}_{2\mathrm{a}} \end{bmatrix} + \begin{bmatrix} \dot{U}_{1\mathrm{b}} \\ \dot{U}_{2\mathrm{b}} \end{bmatrix} = \boldsymbol{Z}_\mathrm{a} \begin{bmatrix} \dot{I}_{1\mathrm{a}} \\ \dot{I}_{2\mathrm{a}} \end{bmatrix} + \boldsymbol{Z}_\mathrm{b} \begin{bmatrix} \dot{I}_{1\mathrm{b}} \\ \dot{I}_{2\mathrm{b}} \end{bmatrix} = \boldsymbol{Z}_\mathrm{a} \begin{bmatrix} \dot{I}_1 \\ \dot{I}_2 \end{bmatrix} + \boldsymbol{Z}_\mathrm{b} \begin{bmatrix} \dot{I}_1 \\ \dot{I}_2 \end{bmatrix}$$

$$= (\boldsymbol{Z}_\mathrm{a} + \boldsymbol{Z}_\mathrm{b}) \begin{bmatrix} \dot{I}_1 \\ \dot{I}_2 \end{bmatrix}$$

故串联网络的 $\boldsymbol{Z}$ 参数矩阵满足

$$\boldsymbol{Z} = \boldsymbol{Z}_\mathrm{a} + \boldsymbol{Z}_\mathrm{b} \tag{7-36}$$

3. 并联

如果两个子二端口网络的输入端口并联，输出端口也并联，则称这两个子二端口网络并联。如图 7-19 所示。

观察图 7-19 可知，当上边的子二端口网络的导纳矩阵为 $\boldsymbol{Y}_\mathrm{a}$，右边的子二端口网络的导纳矩阵为 $\boldsymbol{Y}_\mathrm{b}$ 时，有

$$\begin{bmatrix} \dot{I}_1 \\ \dot{I}_2 \end{bmatrix} = \begin{bmatrix} \dot{I}_{1\mathrm{a}} \\ \dot{I}_{2\mathrm{a}} \end{bmatrix} + \begin{bmatrix} \dot{I}_{1\mathrm{b}} \\ \dot{I}_{2\mathrm{b}} \end{bmatrix} = \boldsymbol{Y}_\mathrm{a} \begin{bmatrix} \dot{U}_{1\mathrm{a}} \\ \dot{U}_{2\mathrm{a}} \end{bmatrix} + \boldsymbol{Y}_\mathrm{b} \begin{bmatrix} \dot{U}_{1\mathrm{b}} \\ \dot{U}_{2\mathrm{b}} \end{bmatrix} = \boldsymbol{Y}_\mathrm{a} \begin{bmatrix} \dot{U}_1 \\ \dot{U}_2 \end{bmatrix} + \boldsymbol{Y}_\mathrm{b} \begin{bmatrix} \dot{U}_1 \\ \dot{U}_2 \end{bmatrix} = (\boldsymbol{Y}_\mathrm{a} + \boldsymbol{Y}_\mathrm{b}) \begin{bmatrix} \dot{U}_1 \\ \dot{U}_2 \end{bmatrix}$$

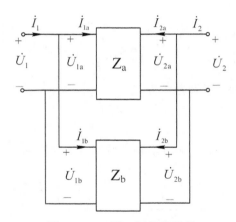

图 7-19　二端口网络的并联

故并联网络的 $\boldsymbol{Y}$ 参数矩阵满足

$$\boldsymbol{Y}=\boldsymbol{Y}_{\mathrm{a}}+\boldsymbol{Y}_{\mathrm{b}} \tag{7-37}$$

例 7-9　如图 7-20 所示电路，可看作由三个简单二端口网络级联组成，求该电路的 $\boldsymbol{A}$ 矩阵，并将其转换成 $\boldsymbol{Z}$ 矩阵和 $\boldsymbol{Y}$ 矩阵。

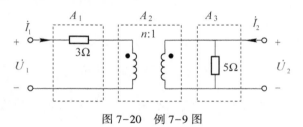

图 7-20　例 7-9 图

解：根据题意，可先求出图中虚框内三个简单二端口网络的 $\boldsymbol{A}_1$、$\boldsymbol{A}_2$、$\boldsymbol{A}_3$ 矩阵：

$$\boldsymbol{A}_1=\begin{bmatrix}1 & 3 \\ 0 & 1\end{bmatrix}\quad \boldsymbol{A}_2=\begin{bmatrix}n & 0 \\ 0 & \dfrac{1}{n}\end{bmatrix}\quad \boldsymbol{A}_3=\begin{bmatrix}1 & 0 \\ \dfrac{1}{5} & 1\end{bmatrix}$$

然后求级联的复合电路的 $\boldsymbol{A}$ 参数：

$$\boldsymbol{A}=\boldsymbol{A}_1\boldsymbol{A}_2\boldsymbol{A}_3=\begin{bmatrix}1 & 3 \\ 0 & 1\end{bmatrix}\begin{bmatrix}n & 0 \\ 0 & \dfrac{1}{n}\end{bmatrix}\begin{bmatrix}1 & 0 \\ \dfrac{1}{5} & 1\end{bmatrix}=\begin{bmatrix}n+\dfrac{3}{n5} & \dfrac{3}{n} \\ \dfrac{1}{n5} & \dfrac{1}{n}\end{bmatrix}$$

利用 $\boldsymbol{A}$ 参数与 $\boldsymbol{Z}$、$\boldsymbol{Y}$ 参数的关系，可求得 $\boldsymbol{Z}$ 矩阵和 $\boldsymbol{Y}$ 矩阵分别为

$$\boldsymbol{Z}=\begin{bmatrix}3+n^2 5 & n5 \\ n5 & 5\end{bmatrix},\quad \boldsymbol{Y}=\boldsymbol{Z}^{-1}=\begin{bmatrix}\dfrac{1}{3} & -\dfrac{n}{3} \\ -\dfrac{n}{3} & \dfrac{n^2}{3}+\dfrac{1}{5}\end{bmatrix}$$

7.5 具有端接的二端口网络分析

当二端口网络的输入端接入信号源，输出端口接上负载 Z_L 以后，形成具有端接的二端口网络，如图 7-21 所示。

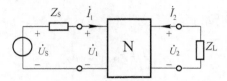

图 7-21 具有端接的二端口网络

对具有端接的二端口网络进行分析，需考虑二端口网络的输入阻抗、输出阻抗以及负载上的电压、电流或者功率等问题。分析方法是利用两类约束，列出电路方程求解，不必死记公式。如已知二端口网络的 Z 参数，则可列出图 7-21 所示电路方程为

$$
\begin{cases}
\dot{U}_1 = z_{11}\dot{I}_1 + z_{12}\dot{I}_2 & ① \\
\dot{U}_2 = z_{21}\dot{I}_1 + z_{22}\dot{I}_2 & ② \\
\dot{U}_1 = \dot{U}_s - Z_s\dot{I}_1 & ③ \\
\dot{U}_2 = -Z_L\dot{I}_2 & ④
\end{cases}
\tag{7-38}
$$

联立求解可得输入阻抗为

$$
Z_i = \frac{\dot{U}_1}{\dot{I}_1} = z_{11} - \frac{z_{12}z_{21}}{z_{22}+Z_L}
\tag{7-39}
$$

转移电流比为

$$
A_i = \frac{\dot{I}_2}{\dot{I}_1} = -\frac{z_{21}}{z_{22}+Z_L}
\tag{7-40}
$$

转移电压比为

$$
A_u = \frac{\dot{U}_2}{\dot{U}_1} = \frac{z_{21}Z_L}{z_{11}Z_L + z_{11}z_{22} - z_{12}z_{21}}
\tag{7-41}
$$

具有端接的二端口网络常常还需考虑功率传输问题，因此需要求对负载而言的戴维南电路。由于戴维南等效电压源的电压即为负载端口的开路电压 $\dot{U}_{oc}$，所以此时 $\dot{I}_2 = 0$。对式（7-38）进行变换，②式中的 $\dot{U}_2$ 即为 $\dot{U}_{oc}$（注意，④式无效）。得

$$
\dot{U}_{oc} = \dot{U}_2 = \frac{Z_{21}}{Z_{11}+Z_s}\dot{U}_s
$$

再求输出阻抗时，其相应的电路如图 7-22 所示（电压源看成短路）。

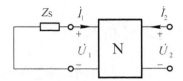

图 7-22　负载开路的二端口电路

由图 7-22 可列得方程组如下：

$$
\begin{cases}
\dot{U}_1 = z_{11}\dot{I}_1 + z_{12}\dot{I}_2 \\
\dot{U}_2 = z_{21}\dot{I}_1 + z_{22}\dot{I}_2 \\
\dot{U}_1 = -Z_s\dot{I}_1
\end{cases}
\tag{7-42}
$$

根据输出阻抗定义，可求得

$$
Z_0 = \frac{\dot{U}_2}{\dot{I}_2} = z_{22} - \frac{z_{12}z_{21}}{z_{11}+Z_s}
\tag{7-43}
$$

此式表明二端口网络的输出阻抗与二端口网络的参数和实际电压源的内阻抗有关。于是得到对负载而言的戴维南电路如图 7-23 所示。

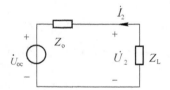

图 7-23　戴维南等效电路

例 7-10　如图 7-24 所示的电路，已知对于角频率为 ω 的信号源，电路 N 的 $\boldsymbol{Z}$ 参数矩阵为

$$
\boldsymbol{Z} = \begin{bmatrix} -j16 & -j10 \\ -j10 & -j4 \end{bmatrix}(\Omega)
$$

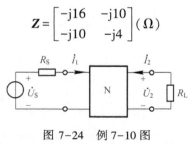

图 7-24　例 7-10 图

负载电阻 $R_L = 3\,\Omega$，电源内阻 $R_S = 12\,\Omega$，$\dot{U}_S = 12\,\text{V}$。

（1）求电压 $\dot{U}_1$ 和 $\dot{U}_2$。（2）求策动点函数 Z_{in} 和 Z_{out}；转移函数 A_u、A_i、Z_T 和 Y_T。

解：（1）由 N 的 $\boldsymbol{Z}$ 参数及 N 外接电路的伏安关系，可得方程组为

$$\begin{cases} \dot{U}_1 = -\text{j}16\dot{I}_1 - \text{j}10\dot{I}_2 \\ \dot{U}_2 = -\text{j}10\dot{I}_1 - \text{j}4\dot{I}_2 \\ \dot{U}_1 = \dot{U}_S - R_S\dot{I}_1 = 12 - 12\dot{I}_1 \\ \dot{U}_2 = -R_L\dot{I}_2 = -3\dot{I}_2 \end{cases}$$

联立方程求解得

$$\dot{U}_1 = 6 \text{ V} \qquad \dot{U}_2 = 3\angle -36.9°\text{V}$$

$$\dot{I}_1 = 0.5 \text{ A} \qquad \dot{I}_2 = 1\angle 143.1°\text{A}$$

（2）由各参数定义可得

$$Z_{\text{in}} = \frac{\dot{U}_1}{\dot{I}_1} = \frac{6}{0.5}\Omega = 12 \ \Omega$$

$$A_u = \frac{\dot{U}_2}{\dot{U}_1} = \frac{3\angle -36.9°}{6} = 0.5\angle -36.9°$$

$$A_i = \frac{\dot{I}_2}{\dot{I}_1} = \frac{1\angle 143.1°}{0.5} = 2\angle 143.1°$$

$$Z_T = \frac{\dot{U}_2}{\dot{I}_1} = \frac{3\angle -36.9°}{0.5}\Omega = 6\angle -36.9°\Omega$$

$$Y_T = \frac{\dot{I}_2}{\dot{U}_1} = \frac{1\angle 143.1°}{6}\text{S} = 0.167\angle 143.1°\text{S}$$

输出阻抗 Z_{out} 即负载以左网络（不含负载）的戴维南等效阻抗。现令 $\dot{U}_S = 0$，并在负载端口加电源 $\dot{U}_2$，电路如图 7-25 所示，则输出阻抗即为端口电压电流之比。

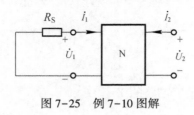

图 7-25 例 7-10 图解

由上面所列方程得

$$\dot{U}_1 = -R_S\dot{I}_1 = -12\dot{I}_1 = -\text{j}16\dot{I}_1 - \text{j}10\dot{I}_2$$

$$\dot{I}_1 = \frac{\text{j}10\dot{I}_2}{12 - \text{j}16}$$

最后解得

$$Z_{\text{out}} = \frac{\dot{U}_2}{\dot{I}_2} = \left(\frac{-j10 \times j10}{12-j16} - j4\right) \Omega = 3\ \Omega$$

习题

7-1　求题 7-1 图所示二端口电路的 **Z** 参数。

7-2　求题 7-2 图所示二端口电路的 **Z** 参数。

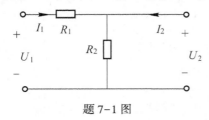

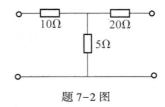

题 7-1 图　　　　　　　题 7-2 图

7-3　求题 7-3 图所示二端口电路的 **Z** 参数。

7-4　求题 7-4 图所示二端口电路的 **Y** 参数。

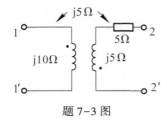

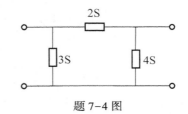

题 7-3 图　　　　　　　题 7-4 图

7-5　求题 7-5 图所示二端口电路的 **Z** 参数。

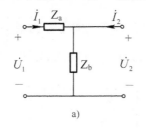

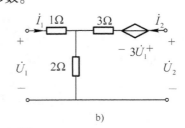

a)　　　　　　　　　　　b)

题 7-5 图

7-6　求题 7-6 图所示二端口电路的 **Y** 参数。

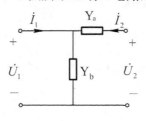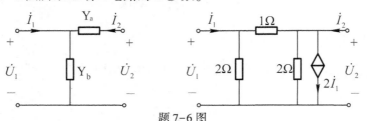

题 7-6 图

7-7 求如题7-7图所示二端口电路的 **A** 参数。

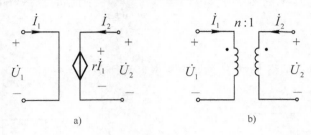

题7-7图

7-8 求如题7-8图所示二端口电路的 **H** 参数。

7-9 如题7-9图所示电路，可看作为 π 形电路与理想变压器相级联，求复合电路的 **A** 参数。

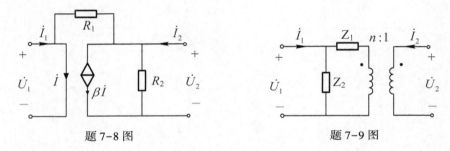

题7-8图　　　　　　　　　　题7-9图

7-10 如题7-10图所示电路，端口11′的电压及该二端网络的阻抗参数 z_{11}、z_{12}、z_{21}、z_{12}均已知，试求从22′端口向左看进去的等效电流源参数 $\dot{I}_1$ 和 Z_0。

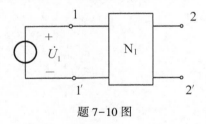

题7-10图

7-11 如题7-11图所示二端口网络的 **A** 参数为 $a_{11}=1$，$a_{12}=\text{j}1\,\Omega$，$a_{21}=1\,\text{S}$，$a_{22}=2$，求负载 R_L 的电流 $\dot{I}_\text{L}$。

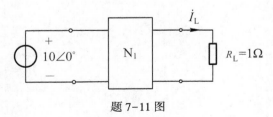

题7-11图

7-12 二端口网络 N 的 **Z** 参数矩阵 $\mathbf{Z} = \begin{bmatrix} j2 & 2 \\ -2 & j4 \end{bmatrix}$，则总的二端口电路的 **Z** 参数矩阵中 z_{11} 和 z_{22}。

7-13 已知二端口网络 N 的 **H** 参数，求其转移函数 $A_i = \dfrac{\dot{I}_2}{\dot{I}_1}$。

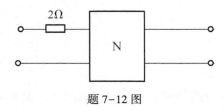
题 7-12 图

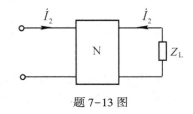
题 7-13 图

参 考 文 献

[1] 刘景夏，胡冰新，张兆东，等．电路分析基础 [M]．北京：清华大学出版社，2012．

[2] 吴大正，王松林，王玉华．电路基础 [M]．2 版．西安：西安电子科技大学出版社，2006．

[3] 张永瑞．电路分析基础 [M]．3 版．西安：西安电子科技大学出版社，2006．

[4] 李瀚荪．电路分析基础 [M]．4 版．北京：高等教育出版社，2006．

[5] 于歆杰，朱桂萍，陆文娟．电路原理 [M]．4 版．北京：清华大学出版社，2007．

[6] BOYLESTAD R L．电路分析导论：原书第 12 版 [M]．陈希有，等译．北京：机械工业出版社，2014．

[7] FLOYD T L，BUCHLA D M．电路分析基础：系统方法 [M]．周玲玲，等译．北京：机械工业出版社，2016．

[8] 秦曾煌．电工学[M]．7 版．北京：高等教育出版社，2009．